DESSÈCHEMENT

DES

MARAIS DE LA SEUGNE

Lettres extraites de l'*Indépendant*

SAINTES

TYPOGRAPHIE DE Mme AMAUDRY

—

1866

1867

C.

Un assez grand nombre d'intéressés à la question
de l'amélioration de la vallée de la Seugne nous ont
demandé de pouvoir lire les articles que nous avons
publiés dans l'*Indépendant* sur ce sujet.

Le journal étant épuisé, nous avons cru utile de
réunir ces feuilles volantes et improvisées, non que
nous estimions qu'elles offrent la moindre valeur
quant à la forme; mais, dans notre conviction profonde, elles peuvent amener quelque bien, à cause
du fond des idées qu'elles renferment. — Et aussi il
est utile qu'on puisse suivre les points divers de la
discussion.

La forme que nous avons adoptée a pu être générale-
lement critiquée; le but que nous poursuivons doit
nous servir d'excuse. Il faut déterminer 3,500 petits
propriétaires à concourir à une œuvre utile. Sans
leur adhésion, rien n'est possible. Si on cesse d'être
à leur portée et d'accueillir leurs propres observations, on restera indéfiniment sans résultat pratique, quant à l'accomplissement du bien à faire.

Ce que nous avons entrepris, ce n'est pas une vaine
discussion, c'est un ACTE qui doit suivre les paroles.

La publicité qui nous a été généreusement offerte
nous a seule permis de vaincre les difficultés. — Que
celui qui nous a ouvert les colonnes de son journal

reçoive ici nos remerciements sincères ; il aura contribué plus que personne à notre réussite.

Nous croyons à un autre point de vue que l'importance de la publicité se fait ainsi sentir dans les couches profondes du pays.

Un jour viendra, j'espère qu'il n'est pas éloigné, où l'on nous rendra la justice de reconnaître que nos intentions étaient droites ; qu'elles étaient acquises aux intérêts du grand nombre ; qu'elles n'étaient dépourvues ni de bon sens, ni de bonne foi. On reviendra sur les impressions défavorables que l'on se plaisait à répandre depuis bien des années sur les opposants au projet présenté.

Les résultats serviront de preuve.

Au reste, fais ce que dois, advienne que pourra.

Dr RIGAUD,

Ancien membre de la commission syndicale de la Seugne.

25 octobre 1866.

I

Monsieur le rédacteur,

Permettez-moi de vous exprimer ma surprise de n'avoir encore rien trouvé dans votre estimable journal, qui me tient au courant de tant de choses intéressantes, sur cette grosse affaire qui se passe sous vos yeux et qu'on appelle l'*enquête* sur le dessèchement des marais de la Seugne. Sentinelle avancée, dormez-vous ? Les populations cependant sont habituées à être, grâce à vous, informées de ce qu'il leur importe de connaître et ils savent que vous avez l'oreille fine.

Vous me répondrez peut-être que nous sommes tous, vous comme les autres, occupés à ramasser notre récolte et que nos vendanges si difficiles ne nous ont guère laissé de temps pour nous occuper d'autres affaires. Beaucoup, et moi le premier, prétendent que pour consulter le pays on aurait pu trouver une époque plus favorable.

Mais si votre journal ne m'a pas averti de ce qui se passait, mon garde-champêtre a pris ce soin et il m'a apporté et certifié une pancarte dont je vous envoie copie, par laquelle je suis bien et dûment convoqué à aller à la mairie de Montils pour déclarer si, oui ou non, je veux faire partie de l'association que l'administration nous propose.

Sachant tout le bon vouloir dont est animé le gouvernement pour les questions agricoles, je me rends où je suis convoqué et je demande quelques éclaircissements sur ce qu'il s'agit de faire ou d'approuver. On me montre une feuille de papier et on me dit : Signez, si vous voulez le dessèchement ; le plus grand nombre l'emportera ; la loi est changée ; la majorité fera la loi à la minorité ; faites en sorte de n'être pas avec le plus faible. Voilà que je me gratte l'oreille et que je me dis : Je veux pourtant bien que mon pré s'améliore ; il y a assez longtemps que je souffre de l'état de choses qui empire tous les jours. Les cours d'eau ne sont plus fauchés par personne. Les usiniers ne sont pas réglés ; ils élèvent, faute de déversoirs, à qui mieux mieux leurs chaussées, personne n'y veille, et cependant je me suis laissé dire, dans le temps, qu'ils n'étaient que des *permissionnaires* ; mais, pour le sûr, ils dépassent la permission et il semble que ceux qui permettent, devraient bien tenir un peu la main à ce qu'on n'abuse pas de l'autorisation qu'ils ont donnée. Mais enfin c'est pour arranger tout cela que je suis convoqué et voilà que je me dispose à signer, ne fût-ce que pour donner le bon exemple et répondre à la citation. Mais que voulez-vous, Monsieur le rédacteur, vous m'excuserez bien ; nous autres cultivateurs, nous aimons bien à entendre lire le contrat à M. le notaire, avant de mettre notre signature au bas de la page.

Alors, je demande si je pourrais savoir, en quelques mots au moins, le contenu de l'acte.

— Pour l'acte, qu'on me répond, nous ne l'avons pas.

— Et où est-il donc cet acte ?

— Il est à Colombiers avec toutes les pièces du projet.

— Ah ! que je me dis, on aurait vraiment aussi bien fait d'en délivrer une copie pour chaque mairie, car ça va mettre bien du monde en mouvement ; on dit que nous sommes plus de 3,000 intéressés. Il y aura bien du chemin à faire et du temps à perdre ; mais enfin, comme heureusement Montils n'est pas bien éloigné de Colombiers, il faut y aller voir ; il parait qu'il y a là de bien beaux travaux, car ils nous ont coûté bien cher. Allons-y, je signerai après.

Je fais part à mon voisin S... de mon projet de voyage et lui demande s'il veut être de la partie.

— Tout de même, dit-il, et nous partons.

S... est grand partisan du dessèchement ; il a beaucoup étudié les plans et il connaît très bien l'affaire. J'avais donc tout à gagner à être dans sa compagnie. Nous discourons ensemble, et, arrivés sur la chaussée, je lui dis :

— Explique-moi donc un peu ce qu'on doit faire pour nous *assécher*.

— Eh bien ! on va faire, vois-tu, depuis Pons jusqu'à la Charente, deux grands canaux plus grands que nos rivières, un de chaque bord de la prairie ; puis on jettera la terre des deux côtés du canal, pour faire de grandes chaussées tout le long de la vallée, et quand les eaux viendront du côté de Jonzac, au lieu de se répandre dans toute la prairie, elles suivront ces deux grands canaux et iront droit à la rivière la Charente.

— Ah ! que je lui dis, ce sera bien de l'ouvrage que tout ça ? il est vrai que sur les chemins de fer on en fait bien d'autres. Mais tu crois que ça empêchera le jonc et la rouche de venir dans mon pré ?

— Dam, me dit-il, on l'assure.

— Mais si cela n'est pas vrai ?

— Eh bien ! tu en seras pour ton argent ; le grand nombre toujours y aura son bénéfice.

— Mais, dis donc, avant que nous ayons traversé la chaussée, explique-moi comment on passera des deux côtés pour entrer dans la prairie ; car, d'après ce que tu me dis du projet, on va former une grande île, et, aux deux ou trois cours d'eau qui existent déjà, on va en ajouter deux autres. Ça sera pas bien commode pour le bétail et pour sortir les foins secs.

— Ah dam ! on fera des ponts.

— Mais il en faudra beaucoup de ponts ?

— Il y en a une vingtaine à peu près dans le projet.

— Ça ne fait que dix de chaque côté, sur 15 kilomètres, ça fait un tous les 1,500 mètres. Ce sera gênant tout de même ; et ces ponts, ça devra coûter bien cher ?

— On les estime l'un dans l'autre à 3 ou 4 mille francs.

— Ah ! vraiment, ils feront des ponts à aussi bon marché que çà dans le marais ; il faut qu'on ait fait quelque nouvelle découverte. Ceux sur lesquels nous passons ont été refaits trois ou quatre fois, et on dit qu'ils ont coûté plus de 100 mille francs.

— Mais cette fois on s'y prendra mieux.

— C'est égal, ils seront habiles ceux qui feront des ponts à si bon marché.

Une idée me vient, que je dis à mon compagnon :

— Es-tu bien sûr que ce sera une bonne chose pour nos prés d'être préservés de l'inondation pendant l'hiver ? Je me suis laissé dire que le limon que déposent les eaux qui viennent du haut de la rivière, de la ville de Pons, des terres nouvellement fumées, etc., étaient bien utiles et faisaient l'engrais naturel des prairies qui donnaient bien moins quand elles n'*évaient* pas.

— Ah ! me dit-il, c'est qu'alors on ouvrira les canaux et on laissera passer l'eau.

— Mais alors, à quoi serviront-ils ces canaux ? Pendant l'été, ils seront à sec, et, pendant l'hiver, ils laisseront passer les eaux d'inondation pour colmater les prairies.

— Dam ! on dit qu'ils sont nécessaires.

— Eh bien ! moi, tout peu instruit que je sois, j'en doute, et je crois qu'ils sont plus nuisibles qu'utiles, et surtout ils seront bien coûteux.

— Mais, explique-moi donc, je te prie, comment il se fait que, lorsque l'ordre arrive de Saintes de faire lever les pelles aux usiniers, — pelles qui sont bien étroites, — seulement pendant deux ou trois fois 24 heures, il n'y a plus d'eau dans la prairie ? Il me semble que c'est la preuve que les cours d'eau actuels suffisent, et que, si on augmentait la largeur des vannes des usiniers, si on leur mettait des déversoirs, on obtiendrait un bon résultat, en fauchant souvent les vieux étiers, en *égravant* les cours d'eau actuels, en enlevant les pêcheries ; ça ne coûterait pas bien cher et on ne risquerait pas grand'chose de commencer par là.

Nous en étions à ce point de notre discours lorsque nous arrivâmes à la mairie de Colembiers, joli petit bourg et qui gagne chaque jour à vue d'œil avec son maire, homme de progrès ; plusieurs étaient déjà rentrés dans la mairie, et ils regardaient beaucoup de rouleaux placés sur une table, qui étaient de toutes couleurs et qui renfermaient de bien belles choses, car il y en avait pour plus de 30,000 francs d'argent.

Pour moi qui ne m'y connais pas, et à qui il aurait fallu trois mois pour lire ou examiner tout ce qui était là, j'ai dit : Messieurs, pardon, mais on m'a averti qu'il fallait donner ma signature, et je voudrais bien connaître ce qu'il faut approuver.

— C'est, m'a-t-on dit, le grand projet de M. Dumorisson.

— Eh ! je croyais qu'il était mort et enterré, ce grand projet : trois enquêtes déjà l'ont repoussé, l'a-t-on changé ?

— Mais pas du tout, on ne change pas ce qui est parfait.

— Mais, alors, coûte-t-il moins cher que dans le temps ?

— Depuis que le devis est fait, les travaux de toutes sortes coûtent un tiers plus cher.

— Ce ne serait donc plus 600,000 francs pour commencer ?

— Il faudra bien tenir compte de l'enchère générale.

— Diable! me dis-je, c'est un peu beaucoup d'argent tout de même. Mais je croyais que le conseil d'état avait été saisi de la question. On avait répandu dans le pays le faux bruit qu'il avait examiné l'affaire, qu'il avait condamné et repoussé le projet, et cela à deux reprises et de la manière la plus catégorique. Ces décisions ont-elles existé, ou est-ce une invention de la malveillance ?

— Il n'y en a aucune trace dans le dossier.

— C'était cependant une pièce importante à produire que des décisions de cette nature, si elles existent.

— Il faut croire que c'est un faux bruit, car M. le préfet n'en parle pas dans son arrêté, et cependant il a visé et revisé toutes les pièces importantes qui font partie du dossier.

— Enfin pourquoi nous réunit-on encore, pour un projet déjà condamné par la masse des intéressés? Qu'est-ce qu'on a ajouté au projet?

— Ah ! voilà, c'est qu'une loi nouvelle sur les associations syndicales a été promulguée, et qu'on désire en faire l'application au marais de la Seugne et forcer les récalcitrants à supporter les charges qu'ils repoussent; en un mot, on cherche à changer la majorité.

— A la bonne heure, examinons ce qu'il y a de nouveau. — S..., toi qui es bon lecteur, fais donc en sorte de nous lire le contrat qu'on nous engage à signer.

Après les préliminaires, nous arrivons aux articles constitutifs.

« Désormais, pour être électeur et avoir droit de vote pour former la commission syndicale, il faudra posséder au moins 62 ares 27 centiares. »

— Voyons, voyons, relis donc bien cet article. Tu dis ?

— Qu'il faudra posséder au moins 62 ares 27 centiares pour avoir le droit d'être électeur.

— Pas possible, que je dis à tout le monde, et tous mes voisins que je connais et qui ont été signer d'enthousiasme ne possèdent pas autant ; ils ont donc été signer leur démission. J'ai bien fait de ne pas signer sans lire. Après, et les autres ?— ils auront le droit de faire une élection à deux degrés et de choisir parmi eux des délégués qui feront la quantité voulue.

— Ah ! ça ou rien, c'est la même chose. Jean ne donnera pas à Guillaume le droit d'aller voter pour lui. C'est lui enlever son droit personnel. Mais ça a tout l'air d'une attaque au suffrage universel. Crois pas que ça passe. Allons, continuons :

« Celui qui aura deux fois 62 ares 27 centiares aura : 2 voix. »

— Relis donc ? que je lui dis.

« Celui qui aura deux fois 62 ares 27 centiares aura : 2 voix.

» Celui qui aura trois fois ce nombre, aura : 3 voix.

» Celui qui aura quatre fois ce nombre, aura : 4 voix.

» Celui qui l'aura cinq fois aura : 5 voix.

— Ah ! moi qui ai dix journaux, ça fait bien

mon affaire. Mais ça ne fera pas aussi bien l'affaire de celui qui n'aura que 64 ares, par exemple. Celui qui aura 100 journaux va avoir 50 voix à ce compte, et ça reconstitue une véritable aristocratie.

Oh! doucement, laissez finir :

« Celui qui aura au-dessus de dix journaux, en eût-il cent, n'aura jamais plus de cinq voix. »

A la bonne heure ! mais il me semble qu'on nous ramène ainsi au cens électoral.

— Dis-donc, S..., crois-tu que ça réussisse ? J'en doute. Le père Bonhomme aura de la peine à entendre de cette oreille ?

— Eh bien ! est-ce tout ce qu'il y a de nouveau ?

— Non, il s'agit d'un changement dans la contribution.

— Laquelle donc ?

— Celui qui possèdera des terres de très faible qualité, paiera pour trois.

Celui qui aura des terres moyennes, paiera pour deux.

Celui qui aura de très bonnes terres, paiera pour un.

— Ah! je comprends, c'est nouveau. Jusqu'à présent, les terrains les plus riches supportaient le plus de charges, maintenant ce sera l'inverse.

— Oui, parce que les plus mauvais terrains sont ceux qui profiteront davantage.

— Qui garantit cela ?

— Ah dam ! personne.

En sorte que mon voisin, qui possède des prairies qui valent 12,000 francs l'hectare, on lui fait payer 100 francs par hectare, et moi, dont les marais ne valent que 500 francs l'hectare, on me demande de contribuer, pour commencer, par une imposition de 300 francs par hectare. C'est un peu dur, vous en conviendrez. Et si l'on ne m'améliore pas mon pré à moi, parce qu'il y a quelques sources de fond, quelques terrains purement tourbeux, etc.; quand bien même on améliorerait celui des autres, a-t-on bien le droit d'exiger un sacrifice pareil, qui serait ma ruine? Permettez-moi d'en douter.

Là-dessus, je me suis retiré de Colombiers et je suis revenu à Montils où je me suis dit : On t'accorde, il est vrai, 5 voix, parce que tu as 10 journaux, mais on enlève les voix à tes voisins. N'acceptons point cette injustice, elle ne portera bonheur à personne. Quant à signer le contrat, attendons qu'on nous en présente un autre plus à notre convenance, dans lequel nous voyions plus clair et où tous aient encore le droit d'être électeurs.

Ce sera, si vous voulez bien, Monsieur le rédacteur, le sujet d'une deuxième lettre, car il faut bien que quelque chose se fasse, l'état actuel étant intolérable. On nous dit de dire ce que nous voulons. Faudra faire en sorte de le faire savoir.

Ajoutons à ces renseignements que, d'après le nouveau projet, le nombre des électeurs serait ainsi réduit dans les communes intéressées :

Les Gonds, qui ont 405 électeurs, n'en auraient plus que 128.

Courcoury, qui en a 488, n'en aurait plus que 63.

Lajard, qui en a 251, n'en aurait plus que 65.

Berneuil, qui en a 624, n'en aurait plus que 204.

Saint-Seurin-de-Palennes, qui en a 78, n'en aurait plus que 7.

Bougnaud, qui en a 284, n'en aurait plus que 38.

Montils, qui en a 467, n'en aurait plus que 122.

Colombiers, qui en a 426, n'en aurait plus que 106.

Saint-Léger, qui en a 377, serait réduit à 74.

Saint-Sever, qui en a 135, en aurait seulement 20.

30 octobre.

II

Monsieur le rédacteur,

Depuis le jour où j'ai eu l'honneur de vous écrire pour vous prévenir de ce qui se passait, la grande enquête a eu lieu dans les dix communes qu'on disait être toutes plus intéressées les unes que les autres. Elle continue encore à Colombiers où elle doit durer trois jours, devant M. le juge Tortat, qui doit relever les votes de tous les propriétaires et écouter et inscrire les opinions, les réclamations et les dires d'un chacun. C'est beaucoup qu'on nous écoute, Monsieur le rédacteur, et il y a longtemps que nous serions sortis de peine si l'on avait pris ce bon moyen, parce que l'esprit de tout le monde vaut mieux que l'esprit d'un seul, et puis, c'est qu'on doit avoir bien de l'embarras, quand on veut forcer les gens à faire les choses contre leur volonté et qu'ils croient être à l'inverse de leurs intérêts. C'était sur ce sujet que nous nous sommes repris après avoir fait collation avec l'ami S..., qui était revenu l'oreille encore plus basse que moi; il avait été un peu ému de ce qui s'était dit entre nous dans notre voyage à Colombiers, et puis il avait découvert qu'il n'était plus électeur : il lui manquait juste 27 centiares pour avoir le cens. Ça le taquinait.

Moi, qui voulais m'instruire, mais qui ne voulais point lui faire de la peine, je lui dis :

— S..., toi qui connais tout ce qui s'est passé dans le temps, explique-moi donc un peu pourquoi les cousins des communes d'en haut, de Bougnaud, de Saint-Seurin et de Saint-Léger, ont toujours été unanimes comme un seul homme pour refuser le bienfait qu'on leur proposait ?

— On dit, me répondit S..., qu'il y avait parmi eux de mauvaises têtes qui conduisaient les autres et leur faisaient faire tout ce qu'ils voulaient.

— Ils sont donc bien habiles, ceux-là, car je croyais que les cousins passaient pour n'être pas faciles à ferrer et qu'ils n'étaient pas si aisés à mener quand ils voyaient qu'on abusait de leur confiance.

— Mais, dis-donc, quand on a vu que depuis 25 ans ils étaient têtus comme des démons, pourquoi ne les a-t-on pas mis de côté. Je me suis laissé dire que c'était là tout ce qu'ils demandaient ?

— Ah ! vois-tu, c'est qu'on leur répondait : nous recevons vos eaux, faut alors que vous contribuiez à les envoyer jusqu'à la Charente.

— Mais, mon ami, leurs eaux c'était pas eux, que je pense, qui les produisaient ; le bon Dieu les envoyait à son idée et elles venaient aussi bien de Jonzac et de Chevanceaux que de Bougnaud et de Saint-Léger et, à ce compte, il aurait fallu que le tiers du département fut compris dans le syndicat.

Et puis le fond inférieur n'est-il pas assujéti à recevoir les eaux du fond supérieur?

— Si fait bien, mais on assurait que c'était différent pour eux, et qu'ensuite ils bénéficieraient de nos travaux plus qu'ils ne croyaient.

— Oui, mais eux étaient d'accord pour ne pas le croire. J'ai entendu causer le cousin D... qui a des prés au-dessous de Château-Renaud, et qu'il a bien et dûment payé 4,000 francs le journal, et il disait : nous trouvons nos prés assez bons comme ils sont, et nous n'avons pas besoin d'être desséchés ; tous les changements qu'on fera ne peuvent que nous nuire à nous autres ; s'il faut qu'on abaisse les eaux pour ceux qui sont un peu plus bas et qui ont du jonc, ce sera rendre justice, je ne dois pas m'y opposer. Mes prés, du coup, ne vaudront plus que 2,000 francs peut-être, parce que l'humidité leur sera retirée et qu'ils seront moins facilement inondés pendant l'hiver, ce qui les fume sans que ça me coûte rien.

Je serai bien obligé de supporter cette perte puisque ce sera pour le bien de mes voisins, et que ce sera en vertu de l'application du NIVEAU LÉGAL des eaux ; mais, ce que je ne peux pas accepter, c'est qu'on me force, moi, à payer pour un semblable résultat.

— Oh! pour ça, il me paraît qu'il a raison le cousin D... Je serais à sa place que j'en dirais bien autant. Mais enfin les grands travaux sont-ils réellement utiles pour ces trois communes si récalcitrantes.

—Dam! c'est douteux, faut en convenir, puisque l'ingénieur Gerardin, homme habile et impartial,

chargé de donner son avis sur les projets proposés, s'exprime ainsi dans son rapport qui est
à la mairie de Colombiers, et que je viens de lire
il y a un instant, page 20 :

« Nous avons vu au chapitre 1er qu'il y avait
» dans le marais de la Seugne trois parties capi-
» tales bien distinctes : l'une composée des bassins
» no 1, no 2 et une grande partie du no 3, dont
» l'état marécageux était le résultat des chaussées
» des moulins qui barrent la vallée, des pêcheries
» qui entravent le cours des eaux, en un mot des
» travaux de la main de l'homme ; la deuxième
» formée des bassins 4, 5 et 6, était marais par
» origine et par nature, ainsi que la troisième
» formée des bassins 7, 8 et 9, avec cette diffé-
» rence, outre celle résultant de leur disposition,
» que le comblement des bassins 7, 8 et 9, était
» dû à la mer, tandis que celui des bassins 4, 5
» et 6, était le produit des dépôts d'eau douce
» venant de la Seugne.

» Cela posé, continue l'ingénieur, on reconnaît
» facilement à l'inspection des plans et des côtes
» qui le couvrent que dans le bassin no 1, no 2 et
» une partie du no 3, les crues d'été pourront fa-
» cilement être contenues dans le lit actuel de la
» Seugne, à la condition de les curer convenable-
» ment, de les débarrasser des entraves, tels que
» pêcheries, qui arrêtent le mouvement des eaux
» et de pratiquer dans les chaussées des moulins,
» des déversoirs et des vannes de décharge de di-
» mension en rapport avec la crue à écouler.
» C'est donc, presque, un SIMPLE RÈGLEMENT D'EAU
» *qui doit ramener à la fertilité des terrains, au-*

» *jourd'hui, pour la plupart dans un si fâcheux*
» *état.* »

— Pas possible, tu as mal lu ou mal compris,
tu inventes ça ; si c'était vrai, comment aurait-on
voulu maintenir dans le périmètre et assujétir à
la dépense, des propriétaires pour lesquels elle n'est
pas faite ?

— Ah ! tu me fatigues. Eh bien ! veux-tu
savoir le vrai mot qui a été dit dans la commission : « Messieurs, prenez-y garde; si vous consentez à laisser sortir du périmètre les trois communes du haut, les travaux qui sont faits pour le
bas coûteront trop cher. » Et tu penses si ça en-
rageait les autres.

— Je comprends l'histoire, mais voyons, est-ce
juste, et les cousins du haut ont ils tort ou raison ?

S... s'est mouché et n'a pas répondu.

— Mais compte-moi donc ce qui se passe pour
le bas ; on dit que ceux des Gonds, de Courcoury
et de Saint-Sever, sont comme ceux du haut, qu'il
n'y a pas moyen de leur faire entendre raison, et
qu'ils ont donné le branle dans le temps pour re-
pousser ce qu'on leur proposait. Ceux-là pourtant
reçoivent toutes les eaux de tout le monde et ils ne
devraient pas être trop fâchés qu'on contribuât,
depuis Pons, à leur enlever ce que le bon Dieu leur
envoie de trop.

— Oh ! pour cela, c'est une autre antienne.
Ecoute, à les entendre, ils vous racontent qu'ils
sont bien loin de Pons, de Bougnaud, de Saint-
Léger, etc., etc., et que quoi qu'on fasse pour
écouler les eaux, il faudra toujours qu'ils les reçoivent toutes, et que, comme on n'a pas trouvé le

moyen de syndiquer la Charente, cette rivière se met souvent de la partie pour les inonder, et que plus vite la Charente recevra toutes les eaux de la Seugne, plus elle débordera souvent sur leurs prairies qui ne seront pas plus protégées qu'elles ne le sont maintenant ; que par conséquent, ce n'est pas la peine de payer pour faire du dessèchement dans le haut — et puis que sais-je ? les gens du village des Arènes soutiennent aussi, de leur côté, que c'est pas la peine de les comprendre dans les frais du grand travail, parce que leurs prairies sont bien à plus de 3 mètres au-dessus du niveau de la Charente, qu'il y a un petit moulin qui barre leur petite vallée, lequel moulin a une chute de plus de 2 mètres de haut et qu'il ne faudrait pas un grand canal pour assainir leurs prés.

— Eh bien ! ont-ils tort ou raison ceux d'en haut ?

— Oh ! pour ceux-là, je crois bien que leur raison est bonne.

— Mais alors pourquoi les retenir dans le périmètre malgré leurs cris et leurs protestations ?

— Eh ! mon Dieu, par la même raison que je te disais tout à l'heure, s'ils ne prennent pas une partie de la dépense sur leur dos, ça coûtera trop à ceux du centre.

— Diable ! mais ceux du centre sont donc terribles, qu'ils veuillent ainsi faire contribuer leurs voisins d'en haut et d'en bas, pour leur propre intérêt.

— Eh ! pas du tout mon ami, il n'y a pas de moins empressés qu'eux.

— Comment, comment que tu dis, je n'y

comprends plus rien, — qui donc le veut et le demande ?

— Je te répète qu'ils sont très peu empressés de forcer leurs voisins à contribuer à ce qu'on leur assure devoir faire leur fortune ; c'est étonnant même qu'ils aient été si froids jusqu'à présent ; on espère qu'ils se raviseront, mais figure-toi que depuis 25 ans on n'a jamais pu les déterminer à nommer des commissaires pour figurer avec les autres.

Oh ! tu me contes des histoires ! — comment ces propriétaires dont les prairies devaient tant profiter n'ont pas donné leur concours, leur adhésion au projet ?

— Mais non, jamais — et même c'est fait pour déconcerter les mieux intentionnés.

— Eh ! comment ça se fait-il cela ?

— C'est que vois-tu, eux non plus n'étaient pas bien sûrs de ce qu'on leur promettait et qu'ils ont peur des grands travaux aussi ! il semble que quelque chose leur dit à l'oreille, qu'on devrait s'y prendre autrement que ce qu'on propose, et puis ça leur paraît dur de payer trois fois plus cher par journal pour leurs mauvais marais, que pour les meilleurs terrains. Que veux-tu, ils craignent ces innovations des principes fondamentaux de l'impôt et la doctrine est un peu longue à se faire jour.

— Mais qui les a donc représentés à l'ancien syndicat ? ils avaient nommé des commissaires pour parler pour eux.

— Mais non, c'est encore ce qui te trompe, il n'a jamais été possible de leur faire nommer des commissaires à ces campagnards entêtés.

— Oh! oh! que me dis-tu là ?

— L'exacte vérité. Tiens, et pour te le prouver, voici une ancienne note que j'ai trouvée au fond de mon armoire et qui te fera juger du peu d'empressement de ceux du centre.

En 1856, quand on a voulu renouveler le syndicat, il a fallu faire trois convocations successives, sans pouvoir réussir à les amener à voter.

Enfin, le 31 août 1856, le nombre des votants, pour les communes qui représentent le centre du marais, était :

A Montils,	1er bureau, de.	5
—	2e bureau, de.	6
—	3e bureau, de. . . .	6
A St-Sever.		13
A Colombiers.		20
A Lajard.		19
A Berneuil,	1er bureau, de. . . .	33
—	2e bureau, de. . . .	18
—	3e bureau, de. . . .	19
—	4e bureau, de. . . .	25
—	5e bureau, de. . . .	16
—	6e bureau, de. . . .	26
—	7e bureau, de. . . .	23

— Mais à ce compte, aucun n'avait le nombre de voix suffisant pour figurer dans la commission.

— Eh bien ! non ; mais alors M. le préfet a été obligé de faire ce que les propriétaires refusaient de faire eux-mêmes, et il a nommé 11 membres de la commission d'une seule fournée, et tu penses qu'il n'a pas choisi de préférence des adversaires du projet.

— Je comprends ; mais alors, ceux qui soutenaient le plus chaudement le projet n'avaient donc pas été élus par les propriétaires ?

— Eh ! certainement que c'est vrai. 9 de ceux-là étaient nommés par l'administration, y compris le syndic lui-même, qui n'avait pu réunir dans tout le syndicat que 18 voix pour être nommé.

— Ça aurait dû le décourager.

— Pas du tout ; il avait même la prétention, dans la commission, d'ôter la parole à ceux de l'opposition, en leur déclarant que la majorité s'était comptée d'avance ; que toute discussion était inutile et ferait perdre du temps ; que le procès-verbal était rédigé ; qu'il n'y avait plus qu'à le signer.

— Et alors qu'ont fait les commissaires auxquels on ôtait la parole et qui eux avaient été nommés par les propriétaires ?

— Ils ont tous salué et ont donné leur démission motivée.

— Et qu'est-ce que tout cela a produit ?

— C'est que rien ne s'est fait, que le temps s'est écoulé, que le syndic a tenu bon, qu'on n'a pas renommé de nouveaux commissaires, que le conseil d'Etat examinant de près les affaires a rejeté, à deux fois, tout ce qu'on voulait lui faire sanctionner.

— Et ils ne se le sont pas tenu pour dit ?

— Non, ils ont espéré être plus forts que tout le monde et que le conseil d'Etat ; ils ont pensé qu'on finirait par leur donner raison, et c'est ce qui fait le sujet de la présente enquête ; seulement on a dit dans le pays, de droite et de gauche que ceux qui contrariaient le projet étaient animés de mauvaises passions, qu'ils étaient la cause du mal éprouvé par la vallée, qu'ils n'étaient plus hommes de progrès, qu'ils en porteraient la peine et la responsabilité un jour ou l'autre.

— Ah! c'est donc pour ça que j'ai entendu beaucoup de bourgeois à Pons ou à Saintes qui n'étaient pas il est vrai parmi les propriétaires, et qui disaient que c'était bien fâcheux d'empêcher un aussi beau projet qui devait enrichir le pays, et il faut convenir que ça fait bien un peu de tort, dans l'esprit de beaucoup, aux adversaires.

— Et c'est tout naturel, tu comprends que d'un côté, on dit voilà des marais qui ne valent pas grand' chose; voilà la rivière de Seugne qui est dans le plus triste désordre. Chaque usinier y fait ce qu'il veut sans que personne n'y prenne souci. Les prairies se perdent, voilà un projet qui veut tout réparer, qui promet monts et merveilles, en voilà d'autres qui barrent la route; évidemment le beau côté n'est pas pour ceux-là, il faut qu'ils aient bien des fois raison ou qu'ils soient bien entêtés et passionnés pour se mettre en travers du bien public. Franchement, je voudrais pas être à leur place.

— Oui, mais dis donc, si d'un autre côté, ils avaient raison et qu'on n'ait pas voulu les écouter, n'y aurait-il pas eu un certain courage de leur part à ne pas lâcher pied et à défendre nos intérêts?

— Oh! il est bien sûr qu'il y a eu quelques torts de part et d'autre. Mais, crois-tu, que si on n'avait voulu contraindre personne, si on avait laissé tranquilles ceux qui étaient d'accord pour se séparer, si on avait commencé un bout de travail petit à petit, crois-tu que l'affaire serait pas plus avancée?

— Franchement, je suis un peu de cet avis, il n'est jamais profitable d'employer la contrainte quand bien même on voudrait faire votre bien, il faut laisser la majorité se produire librement; alors tout marche sur des roulettes.

Mais c'est pas tout de critiquer et d'empêcher de faire ce qu'on croit n'être pas bon. Il faut indiquer ce qu'il convient de faire, instruire, les intéressés de ce qui doit remplacer ce qui est renversé. Tiens, je connais quelqu'un qui s'est un peu occupé de la question, et il faudra que je lui demande ce soir ce qu'il pense de tout cela.

Après tout, par toute la France il y a des hommes de bonne volonté, qui font des cours publics pour enseigner ceux qui en savent moins qu'eux, et peut-être bien que celui que je connais ne refusera pas de traiter devant nous tous, la question si importante qui nous occupe.

Là-dessus, nous nous sommes serrés la main et nous avons remis à une autre fois à reprendre cette importante conversation. Si vous le permettez, M. le rédacteur, et que cela ne vous ennuie pas trop ainsi que vos lecteurs, je vous enverrai quelques nouveaux détails sur ce qui se sera passé (1).

____

(1) Voir dans l'*Indépendant* du 27 octobre, la lettre qui a donné lieu à la polémique.

P. S. — Diable! diable! Monsieur Vallein, voilà que je vous ai écrit ce qui se passait et se disait au milieu de nous, dans nos campagnes, et cela au moment où l'on nous interroge, et voilà qu'un monsieur de Saintes le prend en mal ; il entre dans une grande colère, tire son grand sabre et menace de me fendre en deux, sitôt qu'il saura mon nom.

Faut pas lui dire, Monsieur Vallein, car j'ai encore pas mal de choses à vous conter, et, s'il me tuait du premier coup, ce serait fini.

C'est pas heureusement les représentants de l'autorité de l'Empereur qui parlent comme celui de la lettre de Saintes, sans quoi je me tairais tout de suite, n'ayant pas envie de déplaire au gouvernement.

Nous autres, dans la campagne, nous ne voudrions pas qu'on le prit de si haut. Quand on discute, faut s'écouter un peu les uns les autres, fût-on pas du même avis.

Dites-moi donc, Monsieur Vallein, mon nom connu fera-t-il quelque chose à l'affaire ? Et le dessèchement en sera-t-il plus avancé ?

Nous vous racontons nos idées ; elles sont bonnes ou mauvaises ; qu'on les redresse si nous avons tort et si nous nous trompons ; qu'on montre notre mauvaise foi et notre manque de bon sens. Mais..., ah diable ! il paraît qu'on est sur ma trace, puisque voilà mon signalement : « Certains » hommes avides de popularité et toujours prêts à » sacrifier les véritables intérêts de toute une con- » trée, sous prétexte du bien public, habitués au » surplus à faire de l'agitation, peuvent bien cher-

» cher, avec de grands mots tels que ceux-ci :
» Ruine, attaque au suffrage universel, à jeter le
» trouble dans le pays. »

C'est le début du réquisitoire, la prison n'est pas loin.

Faites pas connaître mon nom, au moins, mon cher Monsieur Vallein, car j'ai encore quelque chose à dire, et je pourrais plus...

En attendant, qu'on me croie donc un peu; qu'on cesse de menacer, car, sans cela, dans nos campagnes, on finirait par se prendre aux cheveux.

Une réflexion me vient : De quel droit me demande-t-il mon nom, votre *abonné ?* Qu'il dise d'abord le sien, monsieur votre *abonné*, et puis nous verrons, car nous voulons pas *culer, sacrebleu !*

Mais, j'ai une idée, c'est que c'est lui qui ne fera pas connaître le sien le premier. Voulez-vous parier ?

Eh bien ! moi, je suis bon enfant tout de même; je lui promets de faire connaître mon nom aussitôt que j'aurai fini mon antienne. Les interruptions et les questions personnelles nous éloigneraient d'une discussion suivie et sérieuse de nos intérêts, et cela troublerait nos entretiens publics que plusieurs d'entre nous désirent voir se continuer. A bas les perturbateurs !

Veuillez donc encore me couvrir de votre nom, Monsieur le rédacteur, et croyez à ma vive reconnaissance.

3 novembre.

III

Mon cher monsieur Vallein,

Depuis que nous avons lu la lettre de votre ABONNÉ de Saintes, nous sommes tous sens dessus dessous dans notre village. Pour moi, j'ai eu une frayeur à nulle autre pareille, et je n'ai dormi ni nuit ni jour. Ce que c'est que se mêler des affaires de tout le monde. Vous en savez bien quelque chose, vous qui vous en occupez tant. Mais convenez qu'en vous écrivant ce qui se passait, je m'occupais bien aussi un peu des miennes.

Et mon signalement qui court les routes :

« *Certains hommes avides de popularité, et* » *toujours prêts à sacrifier les véritables intérêts* » *de toute une contrée, sous prétexte du bien* » *public, habitués au surplus à faire de l'agi-* » *tation,* peuvent bien chercher, avec de grands » mots tels que ceux-ci : RUINE! ATTAQUE AU SUF- » FRAGE UNIVERSEL, etc., à jeter le trouble dans le » pays, si fort intéressé à des travaux de dessè- » chement; mais les gens sensés ne sauraient les » suivre ni les aider dans cette voie... »

Quand on fait ça, monsieur Vallein, on mérite

2*

d'être puni, et j'ai toujours peur de voir arriver les gendarmes.

Mais il y a bien quelque petite chose qui me rassure. Si je ne me suis pas empressé à me taire et à signer, et si j'ai pas admis le grand projet, il y en a bien d'autres qui ont fait comme moi et avant moi, et on ne les a pas mis en prison pour cela.

Crois me rappeler qu'il y a même quelques juges de ceux qui sont à Saintes ou à Poitiers, qui ont parlé dans notre sens ; ils auraient donc un peu d'indulgence. Je me suis laissé dire que M. Savary, qui est Conseiller à Poitiers, ne s'en est point gêné dans le temps pour le contrarier ce grand projet, et, bien qu'il ne pût pas s'asseoir dans le fauteuil comme *syndic*, quoiqu'il y eût été bien et dûment nommé par la commission, et cela parce que l'ancien syndic ne voulut pas *mordicus* lui laisser la place, s'étant fait nommer à vie, ça ne l'a pas empêché de conserver l'estime de ses concitoyens, et même de faire son chemin.

Et défunt M. Meunier-Lanoue, qui était juge aussi, n'a-t-il pas, avec bien d'autres, protesté, protesteras-tu, et envoyé réclamation sur réclamation au ministre et au conseil d'Etat ?

Et M. Huon, un de nos Conseillers généraux, qui est assis sur le siége du tribunal, est-ce un homme qui *jette le trouble dans le pays*, lui qui n'admet pas plus que les autres le grand projet et l'acte de société proposé ?

Et monsieur Delaage, des Gonds, l'ancien Conseiller général de Saintes et grand propriétaire, en même temps, honoré dans son endroit, qui a donné aussi ses raisons dans le temps passé et dans le temps présent, serait-il un de ces *hommes avides de popularité, préts à sacrifier les véritables intérêts de toute une contrée?*

Et notre député M. Eschassériaux, de Thenac ; je crois qu'on m'a dit que lui aussi a tempêté plus fort que les autres contre le grand projet ; est-il un de ceux qui, *sous prétexte du bien public, serait habitué à faire de l'agitation et qui attendrait si cela prend faveur, pour se montrer ensuite aux populations reconnaissantes !!!* — Et tous les autres commissaires des cinq communes qui ont depuis 25 ans marché à l'unanimité..., et le Conseil d'Etat qui n'en veut pas non plus du fameux projet ?...

Demandez donc, je vous prie, de notre part à votre abonné, qui a *promis de dire son nom,* s'il comprend tous ces messieurs parmi ceux qui ont jeté le trouble dans le pays, si fort intéressé, suivant lui, à accepter le grand projet, qu'ils ont tous si formellement rejeté.

Il y a dans toutes ces réflexions que je me suis faites pendant que je ne pouvais pas dormir, quelque raison de me rassurer, mais c'est égal, gardez-moi encore le secret, Monsieur Vallein, parce que sans cela les personnalités pleuvraient comme grêle et que ça nous empêcherait de continuer notre instruction à *tretous.*

Pardon, je ne sais plus trop où j'en étais lorsque l'abonné nous a coupé le sifflet. Ah ! je me rappelle, faut parler de ce qui s'est dit entre nous au sujet du règlement des eaux des usines. Tout

le monde, depuis plus de 20 ans, le demande à
L'UNANIMITÉ ce règlement des eaux, en sorte que
quand nous nous sommes trouvés de nouveau
ensemble, c'est là dessus qu'on s'est mis à jaser.

— Mais dis donc S..., toi qui es au courant
des affaires, explique-nous pourquoi on s'y est
toujours refusé à cette mesure qui a été ordonnée
et exécutée dans tout le reste du département.

— Ma foi, je ne le sais pas bien au juste, mais
va demander à M. le maire le livre des délibéra-
tions de notre Conseil général de 1860, je me rappelle avoir vu quelque chose là-dessus.

Ayant été quérir le livre, S... l'a ouvert à la
page 168, et il nous a lu ce qui suit :

« Messieurs, dit le rapporteur de la commis-
» sion, le Conseil d'arrondissement de Saintes,
» interprète des souffrances des dix communes
» situées sur les bords de la basse Seugne, s'a-
» dresse à vous chaque année, en vous priant de
» joindre vos vœux aux siens, pour obtenir de
» M. le ministre un soulagement à un semblable
» état de choses ; jusqu'à présent, c'étaient sur-
» tout les doléances des propriétaires des vastes
» prairies et marais de cette vallée qu'ils vous
» transmettaient, à l'effet d'obtenir l'exécution du
« règlement des eaux par rapport aux usines qui
» entravent leur écoulement naturel.

» Tout retard à cette importante opération est
» suivi d'une élévation chaque jour croissante des
» chaussées de retenue et occasionne des dé-
» sastres incalculables, en transformant rapide-
» ment d'excellents pâturages en marais qui se
» couvrent de rouches et de joncs.

» Vous avez constamment appuyé énergique-
» ment les vœux qui vous étaient transmis.

» M. le préfet, dans son rapport, vous apprend
» que M. le ministre pensait que les projets, faits
» en vue du dessèchement, avaient, avec le règle-
» ment des usines, une si étroite connexité, que,
» si l'on voulait d'abord exécuter le règlement des
» usines, celles-ci ne pourraient plus tourner, et
» que, dès lors, il y avait lieu de maintenir la dé-
» cision qui remet le règlement des eaux à l'épo-
» que de l'exécution du projet de dessèchement. »

» D'un autre côté, vous dit M. le préfet, depuis
» la lettre du ministre, le conseil d'Etat ayant re-
» poussé le projet qui lui a été soumis au sujet du
» dessèchement et l'exécution des travaux parais-
» sant indéfiniment ajournée, il a demandé, en
» présence de ce nouvel incident, à M. le minis-
» tre, s'il jugeait utile de maintenir ou de modifier
» sa décision. M. le préfet n'a pas encore reçu de
» réponse.

» C'est dans cette situation de l'affaire que le
» Conseil d'arrondissement de Saintes renouvelle
» avec instance ses vœux antérieurs, mais ce n'est
» plus seulement au nom des propriétaires, c'est au
» nom des usiniers eux-mêmes qu'il supplie le
» Conseil général de se joindre à lui pour prier
» Son Exc. de permettre l'exécution de ce règle-
» ment que toutes parties intéressées demandent
» aujourd'hui unanimement.

» Deux faits nouveaux se présentent donc à l'ap-
» préciation de M. le ministre, les vœux des usi-
» niers et l'importante décision du Conseil d'Etat.

» Quant aux inconvénients qu'on semble redou-

» ter comme conséquence d'un règlement d'eau
» précédant l'exécution du projet de dessèche-
» ment, il deviendrait peut-être nécessaire de mo-
» difier ce règlement lui-même en dehors des com-
» binaisons du dessèchement. Les populations
» seraient empressées d'un bout de la vallée à
» l'autre à curer les cours d'eau encombrés, et de
» rétablir ainsi la situation primitive des usines et
» des prairies reconnues comme ayant joui précé-
» demment de toutes les conditions d'un aména-
» gement qui les rendaient excellentes avant les en-
» vahissements successifs et l'absence d'aucun
» curage.

« Du reste, M. l'ingénieur, qui a fait lui-même
» le travail du règlement des eaux de la Seugne,
» vous disait dans son rapport de 1853 :

« Toutes les usines de la Seugne sont aujour-
» d'hui réglées, et les dispositions prescrites aux
» usiniers seront exécutées dans un bref délai.
» Lorsque les ouvrages régulateurs des eaux seront
» établis, les plaintes fréquentes auxquelles donne
» lieu la hauteur à laquelle on maintenait ces eaux,
» ne pourront plus se renouveler, et les terrains
» riverains se trouveront bien meilleurs ; cette opé-
» ration facilitera beaucoup le dessèchement des
» marais de la partie inférieure. »

— Repose-toi un peu, mon cher S..., et tu con-
tinueras après, car c'est bien intéressant ce que tu
lis là, pour nous.

Après une pause, S... reprit :

« En 1854, M. l'ingénieur disait encore : « Nous
» vous avons fait connaître, l'année dernière, que
» toutes les usines de la Seugne, qui sont au nom-

» bre de 44, étaient réglées. Depuis, les usiniers
» ont été mis en demeure d'exécuter les ouvrages
» prescrits. Vingt les ont aujourd'hui entièrement
» achevés ; les vingt-quatre autres les ont com-
» mencés ou ont fait leurs préparatifs pour mettre
» la main à l'œuvre.

» L'ORDRE RÈGNERA DONC PROCHAINEMENT DANS
» CETTE IMPORTANTE VALLÉE, OU PRÉCÉDEMMENT CHA-
» CUN DISPOSAIT DES EAUX COMME IL L'ENTENDAIT. »

« Depuis lors, Messieurs, six années se sont écou-
» lées, et il a été bien difficile de se rendre compte
» de la suspension inattendue d'un travail si désiré.
» Peut-être la situation déplorable, où le désordre
» actuel laissait les propriétaires, était-elle de na-
» ture à déterminer l'acceptation d'un projet qu'ils
» repoussaient ? Mais, depuis que le Conseil d'Etat
» a, par sa décision du 24 février 1860, déclaré ce
» projet non acceptable, en décidant que la voie
» de la concession restait seule ouverte à ceux
» qui voudraient se charger du dessèchement,
» conformément a la loi du 16 septembre 1807, il
» semble que la question a entièrement changé de
» face.

» Votre Commission vous propose, en consé-
» quence, de persister dans les vœux précédem-
» ment émis, et de vous unir de nouveau au Con-
» seil d'arrondissement de Saintes, pour obtenir
» que les usines de la basse Seugne soient sou-
» mises au règlement des eaux. »

— Ah ! voilà ce qui se disait au Conseil général,
il y a six ans !

— Eh bien ! qu'est-ce qui a empêché ces vœux
d'avoir leur suite ?

— Eh ! mon Dieu, le grand projet.

— Mais il faut qu'on y tienne plus que les propriétaires, au grand projet; on veut donc leur bien malgré eux ?

— Il paraît.

— Ils sont bien ingrats alors.

— Mais pourquoi, dit B..., a-t-on donc arrêté les usiniers pendant qu'ils étaient en train ; — on les avait mis en demeure, ils avaient commencé de bonne grâce, ils *avaient fait leurs préparatifs* pour mettre la main à l'œuvre. S'il n'y avait pas eu *contre-ordre, l'ordre* régnerait pourtant depuis 13 ans dans cette importante vallée où chacun dispose des eaux comme il l'entend !

— Oh ! pour cela, ça n'a jamais été su bien clairement, mais P... qui est meunier et qui nous écoute, avait reçu, le premier ordre ; il peut nous éclairer à cet égard.

P... nous dit aussitôt : Pour un contre-ordre, il n'en a jamais été donné, à ma connaissance ; mais le bruit a circulé que rien ne pressait ; — que le préfet ne tiendrait pas la main à son arrêté ; — que si j'exécutais de mon côté, on ne forcerait pas celui qui était au-dessous d'en faire autant et qu'alors mon moulin cesserait de tourner, qu'il fallait attendre le grand dessèchement. Alors vous pensez bien que j'ai laissé l'arrêté et les matériaux dormir et que j'ai donné congé au maçon.

— Ah ! c'est drôle tout de même que les choses se fassent comme ça.

— Eh ! dis-nous donc S..., demanda B..., qui est curieux comme une belette, ce qu'on entend par un réglement des eaux ? Est-ce une faveur qu'il faut obtenir, ou bien est-ce un droit écrit dans le code Napoléon ? Je le lis bien de temps en temps, mais je ne suis pas bien fixé à cet endroit.

Nous étions tous un peu embarrassés et moi plus que les autres, lorsqu'entra au milieu de nous, pour prendre part à la conversation, un homme qui en sait un peu plus là-dessus et quand la demande lui fut posée, il nous répondit de bonne grâce. Ce sera le sujet de ma prochaine lettre.

---

10 novembre.

IV

Mon cher Monsieur Vallein,

Que c'est donc commode un journal, pour se tenir au courant des affaires ! Je ne comprends pas qu'on leur fasse la vie si dure. Voilà que nous sommes tous éparpillés, dans nos dix communes, chacun dans notre maison ; et, grâce à votre feuille de papier qui nous arrive régulièrement, nous sommes tous réunis à la même heure, autour de la même question, et sans fatigue, sans nous déranger, nous pouvons nous instruire de nos intérêts, les débattre, nous entendre causer les uns les autres, avec tranquillité, avec calme.

Peut-être, quand chacun aura dit sa raison en toute liberté, finirons-nous par nous entendre, et nous devrons à votre complaisance qu'une affaire qui traînait depuis si longtemps, et que l'administration, malgré son bon vouloir, ne pouvait faire aboutir, sera débrouillée et menée à bien. « C'est » l'opinion publique qui remporte, en définitive, » la dernière victoire. »

Une fois formée cette opinion, tout ira de soi-même, et elle renversera les volontés opiniâtres et isolées qui, dans l'ombre, font obstacle à ce que l'eau s'écoule, tout au moins autant que les usiniers.

La presse ressemble, m'est avis, au télégraphe électrique de la pensée. Ça ne connaît ni temps ni espace ; ça tient un peu du bon Dieu.

Je reviens à la fin de ma lettre, au sujet du règlement des eaux des usines, où B. demandait si c'était une faveur à obtenir, ou bien si cette mesure découlait d'un droit légal inscrit dans les codes.

N'étant pas bien au courant de tout cela, nous nous étions adressé, comme nous vous l'avons dit, à un docteur de notre connaissance qui a étudié l'affaire, et qui a toute notre confiance.

Je vous fais part de notre conversation :

— Vous désirez savoir, mes amis, nous a-t-il dit, ce que c'est que le règlement des eaux ? Il est de principe, dans la législation de tous les temps, que rien ne doit entraver le libre écoulement des eaux toutes les fois qu'elles refluent sur l'héritage du voisin et qu'elles peuvent nuire à la propriété supérieure.

— Oh ! pour cela, reprit B., je me rappelle l'avoir lu dans le Code. Ainsi, citons un exemple : Si, quand il pleut et que l'eau court, je fais un bâtardeau devant ma porte qui inonde la cour ou

la cave de mon voisin, il est sûr qu'il est fondé à
exiger que j'enlève cette cause de préjudice, et, si
je ne le fais pas de bonne grâce, en s'adressant à
la justice, elle s'empressera de m'y forcer, même
avec dommages-intérêts. C'est le respect du droit
du voisin, et je le comprends.

— C'est cela même, dit le docteur.

— Alors, comment se fait-il, si c'est si simple,
que nous ne puissions exercer le même droit
pour nos prairies?

— Ah! c'est qu'ici il y a plusieurs difficultés
que je vais vous exposer :

Quand un propriétaire possède un cours d'eau
sur son héritage, et qu'il en a une certaine longueur, il peut disposer des eaux comme il l'entend, et, s'il y a une différence de niveau assez
considérable dans son domaine, il peut barrer le
cours des eaux, les retenir soit pour l'irrigation,
soit pour établir une force motrice qui deviendra
un instrument fort utile, non-seulement au propriétaire, mais encore à la société tout entière,
pour faire marcher des meules à moudre le blé,
par exemple; tandis que, dans le passé, avant que
les moulins fussent établis, il fallait que cette
meule fût tournée par le bras des hommes.

— Ce métier devait être ennuyeux tout de
même?

— Oui; mais si je vous rappelle ces choses
d'autrefois, c'est pour vous faire apprécier le
bienfait et l'utilité des usines, et vous empêcher
de les voir de mauvais œil, malgré le mal qu'elles
peuvent vous occasionner par moment.

Dans l'ancien temps, les grands seigneurs,

ceux de Pons, ceux de Rabaine, etc., etc., possédaient à eux seuls toutes les vastes prairies de la vallée de la Seugne, devenues depuis nos propriétés à tous. Alors ils eurent l'idée d'établir des barrages dans la rivière, et d'y construire des usines ; mais, quoique ce fût chez eux, le principe du libre écoulement des eaux était tel, que l'ancien droit exigeait qu'eux-mêmes obtinssent une permission pour arrêter leur cours, et cette permission ne leur était accordée qu'aux conditions : 1° de ne point nuire aux fonds supérieurs ; 2° d'établir des rigoles d'écoulement, aboutissant au bas des usines, pour évacuer les eaux mortes et stagnantes, qui font naître le jonc, et que l'établissement de la retenue pourrait amener.

— Exact, dit le meunier. C'était ainsi pour notre moulin ; et c'est alors ce qui m'explique pourquoi les ingénieurs, lorsqu'ils sont venus nous faire signer des papiers pour le règlement des usines, ne nous appelaient jamais que des *permissionnaires*, ce qui nous étonnait bien un peu, il faut le dire, parce qu'ayant acheté nos moulins comme toute autre chose, il y en a plusieurs parmi nous qui se sont toujours regardés comme des *propriétaires*, ayant le droit *d'user* et *d'abuser*.

— Cela n'a jamais été admis par la législation. L'Etat s'est toujours réservé le droit de modifier la permission toutes les fois qu'il serait démontré que la hauteur du barrage nuirait aux fonds supérieurs.

— Alors, dit B..., quand nous éprouvons du

dommage, à qui donc devons-nous nous adresser pour réparer le mal et protéger notre droit?

— Vous avez deux voies ouvertes; vous pouvez intenter action devant les juges, qui écouteront votre plainte; mais ils seront obligés de demander à l'administration d'intervenir pour constater quelle est la permission qu'elle a accordée, et si l'administration retarde de la faire connaître, la justice ne peut aller plus loin, sous peine de conflit d'attribution, et le procès peut durer des siècles; il y en a eu bien des exemples dans la vallée de la Seugne, et cela même du temps des plus puissants seigneurs d'autrefois.

— Il est certain, dit B... à son voisin, que je n'ai pas envie d'engager un procès avec toi, mon cher meunier; j'ai bien cinq ou six journaux que tu noies à volonté, mais j'aime encore mieux souffrir cela, quoique ça me donne par fois la fièvre, que de te mener en justice, car je risquerais de manger non-seulement ton fonds, mais encore le mien.

— Vous avez bien raison, et je ne puis que vous fortifier dans votre prudence et votre éloignement pour les procès; mais, si au lieu d'être isolés pour soutenir les procès, vous étiez tous ensemble et agissiez comme un seul homme, vous seriez plus forts pour obtenir la justice.

— Oh! pour cela, c'est bien vrai ; mais quel moyen de nous mettre tous d'accord, lorsque l'un veut et que l'autre ne veut pas ?

— Aujourd'hui, ce n'est plus difficile; la nouvelle loi syndicale qu'à présentée le gouvernement, grâce au suffrage universel, donne le droit à un seul d'agir pour tous, si vous voulez bien l'y autoriser.

— Eh bien, si cela est ainsi, ce sera à examiner. Mais, dites-nous donc qu'elle est l'autre voie qui nous est ouverte pour nous faire rendre justice, puisque vous avez dit qu'il y en avait deux ?

— C'est de s'adresser directement au gouvernement, à M. le préfet que cela regarde particulièrement et d'invoquer VOTRE DROIT avec modération et avec sagesse.

— Est-ce que l'on ne s'est pas adressé à lui déjà pour cela ?

— Au contraire, depuis 15 ou 20 ans votre Conseil d'arrondissement de Saintes, et votre Conseil général à La Rochelle, n'ont cessé de réclamer, comme vous l'avez vu, pour que vos plaintes fussent écoutées, et pour que les droits de chacun fussent établis et reconnus.

— Alors pourquoi le gouvernement, qui est si paternel pour nous n'a-t-il rien fait encore ?

— Parcequ'un grand projet lui était présenté, qui devait changer tout ce qui existait dans le passé, et l'on ne voulait pas qu'une chose contrariât l'autre.

— Mais puisque les ingénieurs avaient déclaré eux-mêmes que l'OPÉRATION DU RÉGLEMENT DES EAUX FACILITERAIT BEAUCOUP LE DESSÈCHEMENT DU MARAIS DE LA PARTIE INFÉRIEURE, qu'est-ce qui a pu faire obstacle, à ce que des vœux si ardents, n'aient pas été exaucés ?

— Quant à cela, je ne puis vous en dire davantage ; les premiers ingénieurs s'étaient sans doute trompés.

— Mais, c'étaient ceux qui avaient fait eux-mêmes le réglement des usines, qui le disaient, dans leur rapport à M. le préfet ?

— La même chose n'a pas été dite, probablement, à M. le ministre.

— Mais, maintenant, si le grand projet est de nouveau solennellement repoussé, la justice que nous réclamons tardera-t-elle encore longtemps, à nous être accordée ?

— Je ne puis le croire, et voilà pourquoi : Le gouvernement sera enfin éclairé par cette nouvelle enquête ; puis, ce n'est pas une faveur que nous demandons, mais la RECONNAISSANCE D'UN DROIT, qui ne peut-être repoussé indéfiniment.

Lorsque nous avons à souffrir dans nos intérêts, et qu'une loi nous protége, nous nous adressons, d'abord, au juge de paix, et il ne peut pas refuser d'accueillir notre action, quoique parfois cela lui déplaise ; le procureur impérial l'y forcerait ; en nous adressant respectueusement à l'autorité administrative, et lui portant notre plainte, je suis assuré qu'elle nous écoutera enfin, et statuera sur notre droit à chacun. — C'est un bornage en définitive, que nous lui demandons, et qui est seul de sa compétence. Si elle décide, dans sa souveraineté, que les NIVEAUX ACTUELS SONT SELON LA LOI ; que nos fonds, doivent rester noyés, eh ! bien ce sera malheureux, mais on saura au moins à quoi s'en tenir, et il faudra, dans ce cas, avoir recours aux lois du drainage, et aux droits nouveaux que ces lois accordent pour l'écoulement souterrain des eaux stagnantes pour assainir les terres humides. On s'organisera en conséquence.

Du reste, tranquillisez-vous, il y a tout lieu de croire que vos droits primordiaux seront appréciés et reconnus; que la limite des retenues sera fixée de manière à ce que cette simple mesure fera plus de la moitié de l'amélioration possible pour vos prairies.

— Mais, dans ce cas, les usines ne vont plus pouvoir tourner ?

— On disait la même chose pour les moulins du haut de la rivière. Demandez aux usiniers qui étaient si effrayés, s'ils ont lieu de se plaindre. Les moulins ne tournaient-ils pas autrefois? et très bien. Il n'est pas survenu de cataclysme dans la vallée. Peut-être il faudra enlever quelques graviers, détruire quelques obstacles qui ont entravé le cours des étiers; mais si un moulin reçoit de l'eau d'en haut, elle s'écoulera en bas avec la même facilité qu'elle sera venue et notre position à tous reviendra ce qu'elle était dans le principe. Les chutes seront maintenues avec la différence de niveau que présente le terrain d'une retenue à l'autre.

— Que Dieu et l'Empereur vous entendent, dirent tous les auditeurs et que cela advienne donc le plus tôt possible!

Mais demandai-je à mon tour à notre docteur, cela suffira-t-il pour rétablir nos prairies dans l'état où on dit qu'elles étaient autrefois. Qui fauchera les étiers morts, les fossés d'écoulement? Qui rachètera les pêcheries ? Qui surveillera l'intérêt de tous, si personne n'en est particulièrement chargé! Le gouvernement le fera-t-il? ou comment faudra-t-il nous y prendre?

La conversation ayant déjà été très longue, ce sera le sujet d'un nouvel entretien, car je serai très heureux de vous dire tout ce que je pense à cet égard.

— Je vous en ferai part, M. Vallein, si toutefois vous y consentez. Cette affaire intéresse beaucoup nos campagnes et nous voudrions bien parvenir à nous mettre tous d'accord.

P. S. Que j'ai donc bien fait de ne pas mettre mon nom au bas des lettres. Voyez comment le cousin Gouin, de la Maisonnette, nous traite sans nous connaître. C'est pis que l'autre *abonné ;* il monte sur son cheval et il est sûr d'être vainqueur, parce qu'il marche *avec certitude sur le résultat des opérations.*

Il nous taxe d'*imposture*, de *folie ;* il nous accuse d'*exploiter cette pauvre multitude*. Il nous traite de *menteur, d'insensé.* Il nous reproche d'être plus *coupable* que personne, car, avec les intérêts, les plans coûtent 60,000 francs ! !...

Enfin, nous avons CALOMNIÉ M. le préfet pour avoir dit qu'il fallait, suivant l'acte de société proposé, posséder 62 ares 27 centiares pour conserver le droit d'électeur direct. « J'ignore, dit-il, » la cause de cela ; mais je pense que c'est avec » de bonnes vues de l'administration, et *je ne* » *peux que la louer* de sa juste mesure. »

Enfin, « si c'est un malheureux docteur en mé- » decine qui écrit, c'est qu'il cherche à conserver » le monde dans une atmosphère viciée, pour rap- » porter dans sa poche quelques pièces de 5 fr., » en visitant les fiévreux de notre contrée. »

Qu'est-ce donc que ce cher Gouin, qui le prend

de si haut ? Je me suis laissé dire qu'il était un des *porte-mire* du grand projet.

Mais dites-moi donc, M. Vallein, si on lui couvrait la tête d'un grand capuchon noir, ayant sa mire d'une main et une torche de l'autre, croyez-vous que ce brave garçon ne mettrait pas volontiers le feu au bûcher, s'il s'agissait d'anéantir ceux qui contrarient *sa toquade ?*

Calmons-nous, calmons-nous, cher ami ; dites-nous seulement, vous qui avez travaillé au projet, quelle largeur en mètres doivent avoir ces fameux canaux qui sont tracés sur le plan que vous avez dans votre chambre, à la Maisonnette. Si vous ne le savez pas, le devis qui est à Colombiers vous le dira, et vous serez bien aimable de le faire connaître à tout le monde.

Lisez le rapport de M. Paumier et éclairez-nous, cher ami, sans vous fâcher, si vous pouvez. (Voir la lettre de M. François et de M. le maire de Montils, journal l'*Indépendant*, numéro du 6 novembre 1866.)

13 novembre.

V

Mon cher Monsieur Vallein.

A la bonne heure! voilà l'affaire qni s'échauffe ;
m'est avis qu'elle s'embrouille bien un peu ; c'est
égal, la lumière se fera. — La discussion marche,
on prend la parole à son tour, on s'écoute, on
s'éclaire les uns les autres, chacun avec sa forme
et son accent ; croyez-bien qu'avec un peu de
bonne volonté, l'écheveau si mêlé, se débrouil-
lera.

Le comice est formé ; les uns sont calmes et
sans passion. Ceux-là faut en faire des juges, ils
ne donnent tort ni à l'un, ni à l'autre : ils sont
dans la meilleure position pour être équitables.
Les autres sont taquins un *tantinet ;* c'est pas
précisément un défaut pour que la question avance ;
puis, enfin, ce qui est moins bien, il y a, dit-on,
des *jouteurs passionnés qui ont une plume acérée
et qui se trempe toujours dans le fiel et le venin ;*
oh ! ceux-là faut les laisser parler tout de même;
mais il y a prudence à se défier d'eux, quels qu'ils
soient, car avec du fiel et du venin on ne fait pas
grand'chose de bon.

Nous voilà donc encore tous rassemblés pour continuer notre débat ; mais, cette fois, il y a des gros bonnets qui nous écoutent, qui prennent part à la conversation, et qui seront obligés de porter la sentence quand la plaidoirie sera finie. Car faudra savoir le oui ou le non définitif. Nous ne voulons pas rester éternellement dans la même incertitude ; faut être fixé à savoir si le grand projet reviendra encore une fois sur l'eau, ou s'il est définitivement noyé. Sans cela nous ne ferons pas un pas. Au bord de la rivière, on craint le loup-garou.

Le cousin FRANÇOIS, qui, du temps de François Ier, était à côté du grand roi pour connaître et décider les coups d'estoc et de taille, a pris la parole l'autre jour ; il parle bien, ma foi, mais il n'est pas tout à fait aussi pressé pour *agir*. Il maintiendra parmi nous le *calme* par excellence : on ne se disputera pas avec lui, c'est beaucoup.

Notre cher maire de Montils ne *possède pas un centiare dans le marais* (c'est une raison, en effet, pour qu'il soit *désintéressé* dans la question) ; mais, comme il est de bonne volonté tout de même quand il s'agit de l'intérêt de ses administrés, il est bien parmi nous, pour empêcher qu'on le prenne de trop haut, et aussi pour nous ramener l'initiative de l'administration supérieure avec le suffrage universel cette fois, qui aura raison de tout.

Faut pas trop, cependant, que les questions de propriété se traitent par coup de majorité souveraine, car il y en a qui disent que nous serions en plein communisme, et que ceux qui ont introduit le principe dans la loi, ainsi entendue, seraient attrappés les premiers.

Mais voyez-vous, M. Vallein, jusqu'à présent, tous ceux qui ont parlé veulent la même chose au fond ; tous çà sont des amis, comment voulez-vous qu'on ne finisse pas par s'entendre ?

Pour nous autres, nous tenons à continuer notre discussion, et puisque nous avons donné la parole à un homme qui a étudié sérieusement l'affaire et qui espère dire nettement, à tous et à chacun, comment il faut s'y prendre pour retrouver notre chemin, faut le laisser causer encore, quoiqu'il soit trop long, tout de même. Accordez-lui un peu d'indulgence, car il assure qu'il veut, comme nous tous, l'amélioration de notre vallée. Il y est aussi INTÉRESSÉ que *pas un*, et il est convaincu que ce sera seulement quand les propriétaires seront bien fixés sur la marche à suivre, qu'on obtiendra leur consentement et leur concours volontaire, sans lesquels il n'y a rien à espérer.

Nous en étions donc, à notre dernière réunion, au réglement des eaux de la basse Seugne, qui était en train de se faire il y a 13 ans et qui a été interrompu par le grand projet. Nous avons compris que le gouvernement, dans sa bienveillance pour les habitants des campagnes, ne nous ferait pas plus longtemps attendre la fixation des DROITS de chacun, puisque tout retard nous est si préjudiciable, et que d'ailleurs, l'établissement du niveau LÉGAL des eaux était inscrit dans le code.

Notre ami B... questionnait vivement le docteur, pour savoir si cela suffirait pour l'amélioration de la vallée et s'il n'y avait pas encore beaucoup d'autres choses à faire pour notre avantage, et enfin si nous n'avions pas fait une sottise en refusant le projet qui nous a été présenté.

Cela nous préoccupe beaucoup et de plus en plus, parceque depuis que l'enquête a été ouverte on ne s'entretient plus guère que de cela dans nos contrées.

Cette fois, monsieur Vallein, nous nous sommes trouvés réunis beaucoup ensemble, et même avec quelques-uns des autres communes, pour entendre ce qu'enfin on nous conseillerait de faire.

Notre cher docteur est revenu à l'heure dite au milieu de nous, persuadé que le sujet en valait la peine et pénétré aussi de la responsabilité qu'on fait peser depuis si longtemps sur tous ceux qui n'ont pas adhéré au projet de l'ancien syndic ; il avait à cœur d'établir aux yeux de tous les sérieux motifs de son opposition.

La conversation a donc recommencé devant tous nous autres, et il nous a tenu à peu près ce discours :

Je crois, mes amis, que nous avons bien fait de ne point souscrire aux plans et aux statuts qui nous ont été présentés et cela par les considérations suivantes :

1o A cause de l'exagération de la dépense ;

2o De son résultat incertain ;

3o Parce que en tout état de cause, le réglement des usines établissant le niveau *légal* devait précéder tout le reste ;

4o Parce que le principe qui devait priver beau-

coup d'entre nous du droit direct de voter, n'é-
tait pas juste et organisait une majorité qui
n'aurait pas représenté les intérêts réels des propriétaires ;

5o Parceque l'étendue du syndicat proposé est
trop vaste, d'où il résulte l'insolidarité entre les
dix communes dont les intérêts ne sont pas les
mêmes et qui dès lors se contrarient et se neutralisent ;

6o Enfin, parcequ'il existe des moyens plus
simples, plus *sûrs*, et plus *pratiques*, pour arriver
à l'amélioration des prairies de la Seugne.

4o Quant à la dépense, la question a déjà été
agitée entre vous. Mais il importe encore d'ajouter à ce qui a été dit, que, du moment où cinq
communes sur dix refusent à l'unanimité de parti-
ciper aux grands travaux et même d'être comprises dans le périmètre, il serait non-seulement difficile, mais injuste de les forcer à subir ce qu'elles
repoussent ; que dès lors l'exécution des grands
canaux, des ponts, des écluses et autres ouvrages
d'art, devant rester à la charge des communes du
centre, en supposant que ces travaux leur soient
indispensables (ce que nous nions de la manière
la plus formelle), la dépense serait doublée pour
chaque intéressé ; elle excéderait de beaucoup la
valeur des propriétés ; il n'en faut donc plus parler. Là-dessus le débat est clos.

— Mais si les communes du centre s'unissaient
comme un seul homme et obtenaient la majorité
voulue, elles pourraient donc nous forcer à contribuer, malgré nous ? demanda P..., de Bougnaud.

— Rassurez-vous, il est, grâce à Dieu, inscrit

dans la conscience du grand nombre de ne pas commettre sciemment l'injustice. *Ne fais pas à ton prochain ce que tu ne voudrais qui te soit fait à toi-même* est un principe qui domine encore dans notre beau pays de France, et, du moment où par cette discussion publique, il reste démontré que ceux du haut et ceux du bas n'ont pas intérêt aux travaux qui leur sont proposés, un très petit nombre, même de ceux du centre, consentirait à céder à l'appât d'un intérêt égoïste, quelque effort que l'on pût faire pour le surexciter. Du reste, on ne réussirait pas. L'appui du gouvernement ferait défaut pour sanctionner cette injustice.

2o — Résultat incertain.

Quand on nous parle de dessèchement, il semble qu'aussitôt qu'on aura empêché les eaux supérieures de se répandre dans le marais (car c'est bien là le système), tout sera dit; que de magnifiques herbages remplaceront nos joncs et nos rouches et que nos produits seront quadruplés; s'il en était réellement ainsi, vous comprendrez que moi qui vous parle et qui possède dans le centre du marais un peu moins de 100 journaux, je serais bien mal inspiré de ne pas accepter ce fameux projet, puisque ce serait une fortune que je refuserais.

— Oh! pour cela, c'est bien sûr, dirent tous d'une voix ceux qui écoutaient le docteur.

— Voici mes raisons pour croire qu'on se trompe, de très bonne foi assurément, mais enfin qu'on se trompe.

En étudiant attentivement les questions de dessèchement et voulant savoir ce qui était arrivé dans d'autres entreprises semblables, j'ai vu et appris qu'on avait eu dans de très nombreuses opérations de ce genre les déceptions les plus cruelles, et cela surtout dans les prairies dont le sol était tourbeux. Quand ces terrains-là ne sont pas suffisamment humides, ils ne produisent plus ni rouches, ni joncs, ni HERBES. Au reste, nous en avons eu une preuve à deux pas d'ici. On a demandé à l'administration et elle a fait exécuter le dessèchement des prairies de la Seudre. Eh bien! savez-vous ce qui est arrivé? C'est qu'il n'y a plus de prairies du tout dans toute la partie haute, et que les propriétaires auxquels on n'a demandé du reste qu'une contribution peu élevée ont été privés de leurs soutrages. Quelques-uns ont labouré, écobué, c'est-à-dire brûlé toutes les racines de l'ancien sol; ils y ont semé des avoines et autres grains, et encore ont-ils eu de la peine à en tirer parti, parce que les plantes devenaient *folles;* quelques autres y ont mis des choux, du céleri, des haricots, comme veut le cousin Gouin. Oh! ceux-là, ma foi, ont très bien réussi! Mais, pour des prairies, c'est autre chose, personne n'en a obtenu, et presque tous regrettent moins leur argent dépensé que les rouches dont ils sont privés maintenant que la paille est si chère.

— Mais, dit l'un de nous, c'est que peut-être la Seudre et la Seugne n'ont pas le même sol.

— Peut-être! cela est vrai ; mais, attendez, j'ai un autre exemple à vous citer et qui est au milieu de nous, au centre de notre marais.

M. Rigaud de Pons, notre conseiller général, et M. Guédon, le banquier qui a la bourse bien garnie, ont acheté de compte à demi, voilà 15 ou 16 ans, plus de 80 journaux tout en parcelles pour une douzaine de mille francs. Ce n'était pas cher, n'est-ce pas ? eh bien ! ils ont fait une grande expérience à eux deux dans la commune de Lajard.

M. Rigaud, qui sait ce que c'est que les marais, puisqu'il en possède 400 journaux d'un autre côté, a employé le système des Hollandais, qui, dans certains endroits, avait si bien réussi dans notre Saintonge. Ces messieurs ont commencé, par s'arrondir, par acheter de leurs voisins les parcelles qui les empêchaient de se clore ; ils ont fait ainsi une pièce de 36 journaux bien carrée ; ils l'ont entourée de fossés qui ont enlevé toutes les eaux, de telle sorte que cette portion de leurs marais est depuis ce temps-là au-dessus des eaux de 50 à 60 centimètres.

Ces messieurs ont en outre fait construire une loge dans laquelle ils ont mis de nombreux bestiaux pour pacager et donner du fumier ; ils y ont planté des arbres. Voilà bien des années que cela dure, allez-y voir ; le marais est bien DESSÉCHÉ, certainement, puisqu'on peut y aller à pied sec en toute saison. Voyez ce qui en est résulté : dans la partie haute, la plus privée d'eau, presque rien ; dans la *partie basse*, le sol s'améliore peu à peu, c'est vrai, mais à quelles conditions ? A la condition d'y avoir mis beaucoup d'argent, de fumier ; et qu'est-ce que tout cela leur rapporte ? Ils me disaient, l'autre jour, que ça ne leur avait jamais rapporté encore de quoi payer leur homme d'affaires et le percepteur.

Cependant, ces messieurs ont complété leur essai, et c'est ce qui leur donne de l'espoir et qui explique, jusqu'à un certain point, ce qui a pu faire naître des espérances exagérées à d'autres expérimentateurs ; ils ont employé leurs bestiaux à labourer une petite partie de leur enclos ; ils ont soulevé, à la charrue, la croûte épaisse formée par les racines ; ils ont fait des fourneaux, ils y ont mis le feu pendant l'été et par un vent du nord, la tourbe et les racines ont très bien brûlé ; mais quoi qu'ils aient trente-six journaux entourés par des fossés de 2 mètres 66 centimètres de largeur, ils ont eu le malheur de voir le feu de leurs fourneaux se communiquer aux propriétés voisines, et si les ouvriers, et une pluie qui survint fort à propos, n'étaient venus à leur secours pour éteindre l'incendie, toutes les rouches du marais auraient brûlé de proche en proche, et Dieu sait si leur affaire eut été bonne.

En effet, dirent plusieurs des assistants, nous avons entendu parler de cela dans le temps.

— Eh bien ! dans la partie qui a été *labourée-brûlée*, les cendres ayant été jetées au vent, ils ont semé les meilleures graines qui leur ont été envoyées de Paris. Oh là ! c'est devenu superbe, mais avec encore plus de mauvaises herbes que de bonnes, et ce sera ainsi longtemps. S'ils continuent à semer et à cultiver, il y a lieu de croire qu'à force d'argent, de patience, ils finiront par obtenir quelque chose ; mais pour faire ce qu'ils ont fait, il y a bien des conditions, comme vous voyez.

Après cela, croire que lorsqu'on se sera borné à empêcher l'eau de se répandre dans les marais, tout sera dit, c'est ce que j'ai grand'peine à admettre.

— Mais, maintenant, dit C..., de Colombiers, comment pourrions-nous faire, nous autres petits propriétaires, dans les communes de Colombiers et de Lajard, pour améliorer notre portion de marais quand les grands canaux auront empêché les eaux d'en haut d'inonder le marais ; pour tirer parti de notre parcelle quand elle ne donnera plus de rouches ? Presque *toutes* nos propriétés ont SIX CENTS MÈTRES de longueur sur TROIS, QUATRE OU CINQ mètres de large. Comment labourer, comment écobuer, sans mettre le feu au voisin ; comment semer, comment nous protéger contre la vaine pâture, comment écouler les eaux qui tombent directement du ciel ou qui viennent des sources de fond ? Il ne nous est possible à aucun de nous de faire le plus petit fossé, à cause de la largeur de nos propriétés, sans prendre la moitié de la surface, et le prix équivaudrait au double de ce qui resterait.

— C... a raison, a repris notre docteur, les parcelles sont si longues et si étroites que ceux qui ont fait le plan cadastral de la commune de Lajard ont été dans l'impossibilité de reconnaître les limites exactes, et ils se sont bornés à mettre une série de numéros pour désignation des parcelles dans une partie du plan.

Cette configuration singulière des propriétés du marais restera longtemps, et tant qu'elle subsistera, le plus grand obstacle et, suivant moi, l'invincible obstacle à une amélioration réelle et productive pour chaque intéressé.

Ce serait là une des raisons accessoires pour laquelle il serait si souverainement injuste de priver les petits propriétaires (qui doivent cependant supporter la dépense) de leur droit de voter; car il est certain que ce qui pourrait devenir avantageux aux propriétaires d'assez grande surface, en position de faire les TRAVAUX COMPLÉMENTAIRES INDISPENSABLES à l'amélioration du sol, serait réellement pour les petits de nulle valeur ; après avoir contribué à la dépense, ils n'en retireraient aucun bénéfice.

Faut le dire, nous écoutions tous attentivement ces raisons qui paraissaient assez sages.

— Mais on arroserait à volonté, dit G... qui ne démordait pas, et M. Rigaud, lui, avec ses fossés qui ont mis ses prés à sec, ne peut pas le faire.

— Pardon, reprit le docteur, ces messieurs ont toute facilité pour répandre de l'eau dans leur marais. Il existe en effet un cours d'eau qui leur en donne tous les moyens, et, quand ils arrosent leur tourbe, la rouche et le jonc profitent de nouveau.

— Ah ! diable, est-ce bien vrai tout ça, dit G... un peu ébranlé.

— C'est l'exacte vérité, reprit le docteur. Ensuite, comment voulez-vous faire de l'irrigation dans un sol divisé comme l'est le marais; quand l'un voudra, l'autre ne voudra pas.

— Mais le syndic?

— Alors le syndic devient le véritable propriétaire, et sa décision ou son caprice feront tout, reprit B...

— Vous le voyez, reprit celui qui cherchait à nous éclairer, je crois être autorisé à dire que le résultat avantageux serait au moins incertain pour le grand nombre.

Là-dessus, monsieur le rédacteur, le docteur étant fatigué, et vos lecteurs aussi, nous lui avons offert un coup à boire, et il est allé à ses affaires, nous disant : Mes amis, c'est pas tout de critiquer, il reste toujours à savoir ce qu'il y a à faire pour le mieux de vos intérêts. Nous chercherons à vous le dire dans une prochaine réunion.

Recevez, mon cher monsieur Vallein, les remerciements de nous tous.

P.-S. — La question change de face. C'est M. le maire de Colombiers qui entre dans le débat avec la dignité, le respect de lui-même, la solennité officielle et l'*infaillibilité* qui doivent être les caractères de la parole autoritaire. Il ne veut que rétablir les faits et douze fois de suite sur chaque question, il trace d'une main ferme; « *Ce qui est la vérité,* » c'est presque le style du *Moniteur.*

Tout le monde, maintenant, doit être fixé et savoir à quoi s'en tenir. La lumière est faite et le cousin Gouin, qui est un de ses administrés n'a plus qu'à s'incliner.

Mais nous autres, M. Vallein, qui ne sommes pas de la même commune, il nous est permis encore de continuer tout de même, qu'en dites-vous? Le communiqué de M. le maire peut être discuté, que je pense.

L'INFAILLIBILITÉ est une belle chose, mais elle a son désagrément; si sur un point seulement on démontre qu'elle se trompe, adieu, je t'ai vu, le surplus reste en l'air et il n'est pas besoin d'un grand effort pour que les conséquences s'en suivent.

M. le maire de Colombiers déclare presque officiellement qu'on a trompé le public en disant que la signature de chaque intéressé l'engageait aux conditions du contrat ; que c'est une erreur ; qu'il n'était pas question le moins du monde de l'acceptation de plans et devis arrêtés, ni de bases déterminées d'une association.

Que l'enquête avait pour objet uniquement d'avoir l'avis bénévole d'un chacun.

« LA VÉRITÉ EST, dit-il, que, qui dit *enquête* dit
» besoin de savoir, *consultation*. Que par consé-
» quent chaque intéressé n'a jamais pu signer que
» ses propres observations. »

C'était une manière de consulter le pays sans autre conséquence.

« LA VÉRITÉ EST qu'il n'y a pas d'exemple qu'a-
» près avoir consulté une population sur ses be-
» soins, on ait mis sa volonté à la place de la
» sienne et qu'on ait, de gré ou de force, obligé
» cette même population à payer les frais des
» violons qui l'ont fait danser malgré elle. »

C'est dans cette profonde conviction que M. le maire de Colombiers a signé et a fait signer beaucoup de ses administrés...

Mais voyez ce que c'est que l'infaillibilité, il a suffi que la planche d'imprimerie qui a tiré les avertissements qui ont été signifiés à Colombiers et à Montils ait été dérangée pendant le tirage, pour que ce qui ÉTAIT LA VÉRITÉ ne le soit plus.

Ainsi, l'imprimé que m'a remis notre garde champêtre avec sa signature au bas, porte en tête :

« ACTE DE NOTIFICATION. »

Evidemment, ce ne devait pas être la même chose pour Colombiers.

Et au bas de la feuille :

« *M. R... est invité à déclarer, dans les délais ci-dessus indiqués, s'il consent à concourir à* L'ENTREPRISE, ou autrement dit, à faire partie de l'association syndicale. »

M. le maire a-t-il bien lu la nouvelle loi en vertu de laquelle *la notification* nous était faite ? J'en doute. Qu'il la lise, et il verra si la majorité voulue avait été acquise aux statuts et aux plans présentés, si nous aurions eu beau jeu après pour protester.

Il nous est avis, à nous autres, que c'eût été trop de bonté et prendre trop de précautions pour avoir seulement le plan et le projet de chaque particulier.

Faut donc qu'il y ait eu quelque erreur à l'imprimerie, vous dis-je ; M. le maire ne peut se tromper, car il nous dit où est la *vérité*, la SEULE VÉRITÉ.

Les canaux grands comme des rivières ! c'est encore une calomnie, selon le cousin Gouin, ou une invention ; c'est pas *la vérité*, selon le maire de Colombiers.

Ce pauvre voisin S..., qui avait dit la chose, ne voulant pas passer pour un menteur, m'a rapporté tout à l'heure le rapport imprimé, lu par M. le

syndic Dumorisson, en 1856, à la commission syn-
dycale dont M. Chausserouge faisait partie, et il
me disait en pleurant : vois donc, mon ami, si j'ai
pas pu m'y tromper ; et, en effet, à la page 7,
nous lisons :

« Nous espérons pouvoir établir à l'ouest de la
» vallée une petite ligne de navigation d'une si
» *haute utilité pour le pays*, ligne qui peut re-
» monter la Seugne bien au delà de Pons, et
» desservir les intérêts locaux *sans avoir rien à*
» *craindre* dans l'avenir de l'établissement de la
« voie de fer, qui bientôt empruntera la vallée de
« la Seugne. »

(Fallait intéresser les gens du haut au moment
de l'élection.)

Vous le voyez, M. Vallein, S... avait bien quelque excuse à croire à des canaux plus grands que
la rivière.

Mais maladroit, lui ai-je répondu, c'est que tu
t'es trompé ; tu as cru qu'il s'agissait du grand
projet, et M. Chausserouge, qui ne se trompe pas
assurément, te l'a dit :

« La vérité *est aussi qu'il ne s'agit pas le moins*
« *du monde des projets de MM. Dumorisson et*
« *Forestier.* »

Ah ! alors je n'y comprends plus rien, a dit
S... en se grattant la tête, et il s'en est allé en
disant : Mais qu'est-ce donc que cette ENTREPRISE
pour laquelle on demandait ma signature, et par
notification encore ? Depuis, le pauvre S... est
triste et donne sa langue aux chiens.

17 novembre.

VI

Mon cher Monsieur,

L'autre jour, étant allé à la ville, j'entendais quelqu'un qui disait : A quoi donc pense M. Vallein, de nous entretenir si longtemps des sornettes des gens de Montils, de Colombiers et de Bougnaud ? Son journal devrait s'occuper de choses plus intéressantes. C'en est ennuyeux à la fin ! Je n'ai rien osé répondre ; mais, mon bon Monsieur, soyez sûr que les campagnards, qui reçoivent aussi votre journal, ne sont pas du même avis ; ils sont bien sensibles, au contraire, à ce que l'on s'occupe quelquefois de leurs intérêts à eux. Ça les touche de près, voyez-vous ; et il leur est avis que dans chaque contrée, si le journal de l'endroit discutait les questions locales, comme le fait le vôtre, les affaires n'en seraient pas plus mal conduites. On veut répandre l'instruction dans les profondeurs du pays, et nous autres nous sommes bien aises que quelqu'un cherche à nous instruire de ce qui nous concerne, et surtout à nous mettre d'accord.

Je vous envoie donc, puisque vous nous accueillez si bien, le nouveau procès-verbal de notre assemblée.

Nous étions réunis encore plus que d'habitude, et notre docteur étant arrivé à l'heure, B... lui dit :

Vous nous avez expliqué pourquoi nous avions bien fait de refuser de mettre notre signature à ce qui nous était proposé : 1° à cause de la dépense exagérée; 2° à cause du résultat incertain. Dites-nous donc maintenant pourquoi le règlement du niveau des usines doit précéder tout le reste, et ce qu'on entend par le périmètre et les catégories.

— J'y consens volontiers, car c'est non-seulement un plaisir pour moi de causer avec vous, mais c'est un devoir sérieux de justifier pourquoi notre adhésion a manqué à ce que beaucoup de bons esprits approuvaient de toute leur force, faute d'avoir approfondi la question, du moins je le crois.

Le périmètre, c'est la ligne de démarcation par laquelle les propriétés sont soumises à l'impôt. Or, s'il est reconnu que, dans l'état actuel des choses, beaucoup de propriétés comprises dans le premier périmètre gagneraient tout ce qu'elles peuvent gagner par le simple règlement des eaux et l'établissement du NIVEAU LÉGAL, il deviendrait souverainement injuste de faire supporter la contribution à ceux auxquels les grands travaux seraient absolument inutiles. C'est donc, comme nous l'avons dit, un acte de bornage, pour ainsi dire, entre les usiniers et les divers propriétaires.

Il faut que chacun ait son droit reconnu avant de procéder aux partages.

Comment savoir, en effet, le point où le périmètre doit s'arrêter, avant de connaître celui où les eaux nuisent ou ne nuisent plus ?

— Pour cela, ça me paraît clair, dit l'ami S...; et c'est justice, dirent les autres.

— Quant à ce qui est des catégories ou des classes, comment déterminer, avant cette opération de la reconnaissance du NIVEAU LÉGAL, qu'elle est la propriété qui doit être classée dans la première, dans la seconde, ou dans la troisième catégorie ? Evidemment, cela importe au plus haut degré, puisqu'il s'agirait, d'après le projet, de payer une, ou deux, ou trois fois davantage, suivant que les prés sont plus ou moins gâtés par le séjour des eaux.

N'est-il pas vrai que quand le règlement sera appliqué, les choses changeront et que les appréciations ne seront plus les mêmes ? Tel qui était compris dans la première classe devra sortir du périmètre; celui qui était en seconde pourra passer en première, et ainsi de suite.

— Cela nous paraît encore vrai ce que vous nous dites là, notre cher docteur, et nous ne comprenons pas que l'ancienne commission n'ait pas réclamé à ce sujet avant de nous taxer et de nous faire payer. Et comment donc ont-ils fait le premier classement ?

— On n'a eu égard qu'à l'état actuel des choses, sans tenir compte du règlement des eaux, qu'on a toujours repoussé, parce qu'il pouvait changer les calculs qu'on avait faits.

— Ah! mais alors je ne m'étonne plus des oppositions qui se sont manifestées, dit S..., et si j'avais bien compris tout cela, il y a des hommes que j'ai blâmés dans le temps, et j'aurais pourtant été de leur avis, puisqu'ils avaient l'équité pour eux.

— Maintenant, reprit le docteur, pour ce qui est du principe proposé dans l'acte d'association, de posséder au moins 62 ares 27 centiares, pour conserver le droit du suffrage direct, j'aime à croire que l'administration s'est trompée de très bonne foi, certainement; mais elle s'est trompée. Elle n'en avait pas entrevu les conséquences; sans cela, jamais elle n'eût adopté cette base.

En effet, vous êtes actuellement 3,530 propriétaires appelés à voter, et demain, si vous aviez accepté le projet, il n'en resterait plus que 800 environ qui auraient pris part au vote direct; les autres eussent été réduits à l'élection à deux degrés, ce qui n'est plus dans les mœurs de l'époque et ne serait, en fait, accepté par personne.

Or, c'était près de 3,000 propriétaires qui auraient renoncé eux-mêmes à un droit qu'ils ont toujours exercé jusqu'ici. C'était difficile à obtenir, vous en conviendrez.

Ensuite, voyez toujours les conséquences : les propriétaires de 62 ares 27 centiares formaient déjà une faible minorité et en accordant, d'un autre côté, 5 voix de droit à ceux qui possédaient cinq fois 62 ares 27 centiares, il aurait suffi de 150 propriétaires de cette catégorie pour avoir à eux seuls, *sept cent cinquante voix.* C'était évidemment la majorité acquise en tout et pour tout à ces 150 propriétaires qui auraient fait la loi aux autres et auraient eu le droit de les imposer à leur volonté.

Il faut le dire, ce n'était pas acceptable, d'autant plus que nous vous avons déjà fait remarquer que ce qui pouvait être avantageux à des propriétaires possédant 10 ou 15 journaux, pouvant se clore, écobuer, compléter l'œuvre du dessèchement, restait tout à fait sans valeur pour les parcelles étroites et très longues qui constituent la propriété du très grand nombre. N'oublions pas que d'après le dire de l'ancien syndic, il y a TREIZE MILLE *parcelles dans le marais.*

Nous ne craignons donc pas de le répéter, c'est bien là une erreur involontaire qui a été commise.

L'administration n'avait pu entrevoir ces conséquences. Elle ne les eût jamais acceptées.

Après ce discours, le docteur s'est arrêté, et nous nous disions en général entre nous : Eh bien ! ce sont des raisons ça tout de même, encore plus que de mauvaises passions, et nous ne sommes pas fâchés d'avoir regardé à deux fois avant de signer. Mais c'est pas tout, il faut savoir maintenant ce qui reste à faire pour nous sortir du mauvais pas où nous sommes.

La salle se remplissait, se remplissait, et cette fois il y avait bon nombre de nouveaux qui ouvraient les oreilles et désiraient bien savoir comment cela irait jusqu'au bout. A vrai dire notre impatience était grande.

Après avoir fumé sa cigarette, notre docteur

s'est repris à pérorer comme je m'en vais vous le dire :

Mes amis, j'ai cherché, un peu longuement peut-être, à justifier la conduite de ceux que vous aviez chargés de la surveillance et de la défense de vos intérêts, il me reste maintenant à vous exposer, d'après ma pensée et mes études sur la question, la marche que nous devons suivre. C'est le plus facile de ma tâche, parce que, d'avance, je suis d'accord sur presque tous les points avec vos désirs exprimés de mille manières et depuis déjà bien longtemps. Je n'aurai pas d'autre mérite que de les mettre en ordre et de vous pousser à l'action.

D'abord, partons d'un principe.

N'est-il pas vrai :

Que si les grands projets proposés, qui doivent coûter tant d'argent, ne peuvent avoir qu'un résultat INCERTAIN pour chacun de vous en particulier, comme nous avons cherché à le prouver :

Que si, d'un autre côté, le souvenir des anciens, la tradition la plus certaine, les preuves écrites, même de ceux qui ont présenté les nouveaux projets et qui les défendent, établissent qu'il y a un certain nombre d'années, il y avait de très belles et bonnes prairies où vous ne voyez maintenant que des joncs et de mauvaises herbes ;

N'est-il pas vrai, dis-je, que si les choses sont ainsi, il serait PRUDENT et SAGE de revenir aux conditions éprouvées sous l'influence desquelles cet état florissant s'était développé et maintenu ? Il me semble que ce serait se prémunir contre toute déception trompeuse et éloigner les risques à courir.

Si maintenant cela devait coûter dix fois moins cher et conserver le droit de voter à chacun, croyez-vous qu'il y ait à hésiter ?

— Pour cela, non, s'écria S..., qui commençait à être converti. Et puis, s'il restait quelque chose de plus à faire, ce serait toujours un acheminement.

— Etudions donc un peu ce qui existait autrefois et aussi ce qui a été cause que cette prospérité n'ait pas été maintenue.

D'abord, nous l'avons déjà dit, ce sont les anciens seigneurs qui, étant propriétaires de grandes portions de la vallée, ont établi les barrages, les usines à moudre le blé, les pêcheries même, sur les étiers morts. Or ces messieurs n'étaient pas si mal avisés, même dès cette époque, pour noyer leurs bonnes prairies et cela pour faire plaisir à leurs fermiers de moulins.

Alors, qu'avaient-ils fait ? Ils avaient le soin, toutes les fois qu'ils sortaient les eaux de leur cours naturel et qu'ils établissaient des digues pour les arrêter, les faire gonfler et obtenir ainsi une chute qui donnait le mouvement à la roue de leur moulin, ils avaient le soin, dis-je, de faire des rigoles de chaque côté de l'étier, lesquelles rigoles recueillaient toutes les eaux stagnantes ou mortes et les portaient directement derrière le saut, à plus ou moins grande distance... Avec cette précaution, les eaux surélevées, qui filtraient des chaussées ou s'échappaient dans l'inondation, s'écoulaient aussi bien qu'avant le barrage, parce que ces rigoles se rattachaient au niveau inférieur des terrains. Examinez de près toutes les usines de la

Seugne, et vous verrez si ce que je vous dis n'est pas l'exacte vérité. Que résultait-il de cela? C'est que, quand les grandes pluies arrivaient, toutes les prairies étaient couvertes d'eau et en même temps de limon, mais presque aussitôt que les eaux avaient déposé l'engrais, elles s'échappaient sans pourrir le sol et séjourner indéfiniment; c'était là et c'est encore la meilleure condition pour la prospérité des prairies.

D'un autre côté, partout où les grands propriétaires d'alors s'apercevaient qu'il y avait besoin d'un fossé pour écouler soit les sources de fond, soit les eaux du ciel, ils faisaient creuser un fossé se rattachant aux rigoles inférieures et les eaux s'écoulaient facilement.

Quand les fossés se comblaient par le temps ou que les roseaux les obstruaient, ils avaient eu soin de nommer des *intendants* qui ordonnaient le curage d'un bout à l'autre et aussi le faucardement et surveillaient de prés l'exécution de ces mesures ; si les usiniers empiétaient, ils y mettaient bon ordre.

Vous expliquez-vous maintenant pourquoi les prairies étaient bonnes alors et pourquoi elles sont en si piteux état au temps présent ?

En effet, qu'est-il arrivé quand les grands seigneurs ont été dépossédés ? Le moulin a été vendu à l'un, les prairies ont été vendues ou partagées entre des milliers de petits propriétaires.

Il est résulté de cela que l'usinier qui était seul a eu intérêt, facilité et droit suffisant pour maintenir ses écours en bon état ; il les a fauchés et entretenus de son mieux, parce qu'il fallait que l'eau vînt à son moulin pour moudre son blé.

Mais les milliers de propriétaires comment pouvaient-ils faire pour entretenir les rigoles dont les obstacles étaient souvent éloignés du point où ils portaient préjudice ? Il n'y avait plus d'intendant pour les faire curer et faucarder quand le besoin s'en faisait sentir. On réclamait bien, on donnait même parfois quelques ordres administratifs ; mais l'un faisait, l'autre ne faisait pas et le travail qui était exécuté devenait inutile par la négligence d'un seul.

N'est-ce pas comme cela que vous croyez que les choses se sont passées ?

— Oui, mais quelle pièce y coudre ?

— Et de plus, quand il y avait un pont sur une chaussée, comme à Rabaine, par exemple, et que le pont s'effondrait, qui était là pour le réparer ? Cela ne regardait personne en particulier. Alors qu'est-il arrivé ? c'est que ceux qui avaient besoin de passer portaient une charretée de pierres et comblaient le passage de l'eau pour traverser eux-mêmes et sortir leurs foins. Qui surveillait cela et qui avait autorité et ressource pour réparer le dégât ? Evidemment personne, l'intendant n'était plus là, il s'en était allé avec l'ancien seigneur.

— Ça pourrait bien être comme ça que les choses sont arrivées tout de même, dit un meunier de la compagnie ; pour moi, je connais des choses semblables qui ont eu lieu et ont lieu tous les jours de la même manière.

— Le fait est, dit un autre, qu'au moulin de

Château-Renaud, qu'au moulin du Gua, à ma connaissance, les rigoles anciennes qui enlevaient les eaux mortes ont été comblées, parce qu'on a fait des chaussées pour passer des charettes là où autrefois l'on ne passait qu'à dos de mulet.

— Je suis bien aise, reprit le docteur, que vos témoignages confirment ce que je vous disais !

— Eh bien ! oui, dit S..., mais quel moyen y a-t-il pour remédier à tout cela ?

— Rien n'est plus simple, reprit le docteur, il faut faire revenir l'intendant.

— Ah ! oui... mais sans le seigneur au moins.

— Si fait, avec le seigneur aussi... Est-ce que le seigneur, aujourd'hui, n'est pas le peuple ? Eh bien ! que le peuple assemblé nomme lui-même son intendant, qu'il lui donne tous les pouvoirs dont il dispose, qu'il le change le jour où il n'en sera pas content, et vous verrez bientôt que ce qui était fait utilement autrefois, sera encore beaucoup mieux fait aujourd'hui, car le seigneur actuel a fait bien des progrès sur le seigneur d'autrefois ; et puis, sans dire du mal de personne, c'est qu'il est plus puissant et plus riche aussi : La volonté et la bourse de tous est plus forte que la volonté et la bourse d'un seul.

— En sorte, dit S..., qui commençait à s'animer, que nous aussi nous pourrions avoir un intendant ? Ça serait pourtant commode çà.

— Oui, mes amis, reprit le docteur, vous pouvez avoir un intendant, et cela quand il vous plaira. La dernière loi sur les associations syndicales vous en donne tous les moyens.

— Oh ! alors, s'écrièrent plusieurs, il faudra y

penser ; ça nous plaît ça. Mais au moins notre intendant ne nons fera pas la loi quand nous l'aurons mis en place ?

— Evidemment, il fera la loi à tous, quand il faudra exécuter vos ordres et vos décisions ; mais, s'il s'écarte de son devoir, vous aurez toute facilité pour le renvoyer et en choisir un autre.

— Mais s'il dépense notre argent malgré notre volonté ?

— Il ne pourra dépenser un sou sans que ceux que vous aurez choisis parmi vous y aient consenti. Comme vous choisirez probablement ceux qui auront un plus grand intérêt à la chose, il est évident qu'ils y regarderont à deux fois avant de faire des dépenses inutiles ou exagérées. D'ailleurs, ne nommez-vous pas, pour les affaires communales, des conseillers qui ont le même pouvoir ?

— Ça c'est acceptable, dirent presque tous les assistants ; mais comment donc faut-il s'y prendre pour en arriver là ?

— Rien de plus facile, si vous en avez la volonté. Ecoutez encore un peu :

La première condition pour que les choses aillent bien, c'est de réunir, autant que possible, des intérêts qui soient les mêmes et qui puissent être appréciés par tous.

— D'accord.

— Suivant moi, l'étendue de l'ancien syndicat de la Seugne est beaucoup trop vaste et les intérêts ne sont pas les mêmes, comme je vous l'ai déjà dit dans les motifs qui m'avaient fait refuser les premiers projets ; il y a insolidarité réelle entre les diverses communes ; et, dès lors, leurs intérêts se combattent et se neutralisent. C'est ce que je vais chercher à vous démontrer. Seulement, comme l'heure est plus que passée, et que vous avez besoin de réfléchir sur cette dernière proposition qui n'a pas encore figuré nettement parmi vos demandes, nous attendrons à la prochaine réunion pour savoir si elle présente des objections sérieuses ; ce sera pour la clôture de ce que j'ai à vous dire.

VII

Mon cher monsieur Vallein,

L'autre jour, en attendant le docteur qui était retenu auprès d'un malade, on s'est mis à causer de choses et d'autres. On a parlé de l'ami S..., — de son désappointement, — du décalogue de M. le maire de Colombiers, — du canal de navigation qui devait faire concurrence au chemin de fer et aussi des ponts aériens qui devaient traverser ce canal, des ponts qui coûteraient 2 ou 3,000 francs pièce ! L'un de nous avait vu dans le projet, qu'il y a 24 ponts, pour une dépense totale de 48,600 francs, mais « *que, beaucoup d'autres étant nécessaires, ils devraient être édifiés par ceux qui en auront besoin, sous la surveillance du syndic.* » (*sic*) — Il est vrai qu'ils devaient être tous bâtis sur le *fort*.

Ça paraissait un peu bien fort tout de même et surtout ce canal établi sur un terrain qui a 10 à 12 mètres de différence de niveau depuis Pons à la Charente ! Tout cela sans écluses ! car il n'y en a pas dans le projet ni dans le devis. Il est vrai

que ça devait être compris dans les dépenses im-
prévues !

Plusieurs d'entre nous n'avaient pas réfléchi à
cette heureuse idée du canal qui avait bien souri à
l'ancienne commission, puisque c'était une des raisons pour lesquelles celle-ci demandait instamment
100,000 francs de subvention au gouvernement !!!

Enfin, après que chacun a eu dit son idée là-
dessus, on est arrivé à parler du danger de la
concession et de ces hommes avides, qui contrarient le projet avec cette arrière-pensée.

Les révélations du cousin Gouin à cet endroit,
dans sa réponse à notre ami François, avaient fait
naître des craintes dans l'esprit de quelques-uns
de ses voisins et l'un d'eux qui avait votre journal à la main l'a lu tout haut à l'assemblée ; il
semblait entendre Cicéron : « Si je ne me trompe,
» et si vous êtes le fidèle interprète de l'opposition,
» dit Gouin à François, à brûle pourpoint, ce
» que j'ai dit, il y a longtemps, dans mes circu-
» laires, doit se réaliser ; je disais qu'une conces-
» sion était aussi aux aguets, si nous refusions de
» faire le travail, qu'elle allait fondre sur nous,
» comme un oiseau de proie sur l'objet qu'il con-
» voite ; jamais les idées d'une concession ne nous
» avaient été si clairement révélées que par vous ;
» je vous loue d'être si franc, en nous dévoilant
» ce qui, jusqu'à ce jour, nous avait été un peu
» caché. » — François était comme attéré du
coup.

Mais B..., qui est son ami, s'est écrié au milieu de tout le monde : Ta poudre est éventée,
cousin Gouin, il te faut renouveler ta provision

si tu veux continuer ta chasse aux *canards* du marais !

Là-dessus, grand éclat de rire dans l'assemblée.

B..., tira aussitôt de sa poche deux imprimés, car ça se retrouve au fond de nos campagnes, dans la boîte aux assignats. Ecoutez dit-il :

Le 16 août 1844, M. Eugène Savary, dont vous avez déjà entendu parler, terminait sa mercuriale au sujet du marais, par ces mots :

» Quant aux dangers dont M. D... menace les » propriétaires en parlant de spéculateurs atten- » tifs à ces débats et prêts à fondre sur leurs » propriétés comme sur une proie, il ne nous » paraît pas fort à craindre; nous ne savons » ni de quels gens, ni de quels projets il veut » parler. »

Depuis lors, voilà 23 ans, et les oiseaux de proie n'ont pas été pressés de se montrer, — c'est même étonnant, car ça n'a pas été faute de les avertir et de les appeler.

Ecoutez encore; voilà comment, onze ans après, en 1855, au moment de l'autre enquête sur le même projet, parlait M. Paumier, l'ingénieur, qui avait bien envie que l'affaire se fît pendant qu'il était là; il s'adressait aux propriétaires :

« Il ne s'agit pas de dire si l'on veut, oui ou » non, que le dessèchement soit exécuté ! La » question est TRANCHÉE aujourd'hui, le DESSÈCHE- » MENT SE FERA ; mais qui exécutera le travail et » qui profitera des bénéfices ? Voilà ce qu'il s'agit » de décider. »

» La dépense de dessèchement ne peut pas dé- » passer 500,000 francs—la plus-value des travaux

» ne peut-être évaluée à moins de deux millions
» deux cent mille francs, *sans compter les planta-*
» *tions qui dans* 30 *ans vaudront* 400,000 *francs.*
» C'est donc un bénéfice ASSURÉ d'un million sept
» cent mille francs qui profitera aux propriétai-
» res, s'ils exécutent les travaux, et dont les 4/5es
» au contraire appartiendront aux *concession-*
» *naires* si les propriétaires ne veulent pas exécu-
» ter eux-mêmes. »

« *Plusieurs propositions de concession ont déjà*
» *été faites*, et si les intéressés refusent d'exécu-
» ter eux-mêmes, la concession sera presque IM-
» MÉDIATEMENT accordée et les propriétaires per-
» dront ainsi une valeur d'un million trois cent
» soixante mille francs AU MOINS. »

« Les propriétaires refuseront-ils d'exécuter
» eux-mêmes les travaux et se priveront-ils ainsi
» d'un bénéfice de près de deux millions? C'est ce
» qu'ils sont appelés à déclarer en inscrivant leur
» vote dans l'une ou l'autre des colonnes du re-
» gistre ouvert pour l'enquête à la mairie. ON NE
» DEVRA INSCRIRE QU'UN SEUL MOT, *oui* ou *non* ; AU-
» CUNE OBSERVATION NE SERA ADMISE. »

— Ah! oui, c'était comme ça qu'on parlait
alors? Mais, depuis onze ans, on a fait des progrès, s'écria P..., de Bougnaud.

« En disant *oui*, le propriétaire déclare vouloir
» exécuter les travaux par le syndicat et jouir de
» tous les bénéfices!!

» En disant *non*, il déclare refuser de les exé-
» cuter et il *assure* ainsi aux concessionnaires un
» bénéfice d'un MILLION ET DEMI!!!

» En disant *oui*, c'est la FORTUNE! *Non*, c'est la

» perte d'un bénéfice énorme et ᴀssᴜʀÉ!! C'est
» aux propriétaires à choisir!

» Tout propriétaire qui *s'abstiendra* de voter
» sera considéré comme acceptant et comme ayant
» écrit *oui* en face de son nom.

» Pᴀᴜᴍɪᴇʀ.

» La Rochelle, 22 septembre 1855. »

— Fichtre! il n'y allait pas de main morte,
M. Paumier : et qu'est-ce que les propriétaires
ont répondu à cet appel à la fortune ?

— Ils ont répondu : *Non*.

— Et pourquoi ça ?

— Parce qu'il paraissait trop sûr de son affaire.

— Ah! quels hommes que ces propriétaires du
marais !

— Et les concessionnaires qui étaient là pré-
sents, qui avaient demandé, qui attendaient leur
proie, auxquels on accordait les 4/5 de la plus-
value, ont-ils refusé les deux millions deux cent
mille francs ᴀssᴜʀÉs qui leur étaient offerts ?

— Il paraît.

— Ils étaient bien vertueux ceux-là, ou ils ont
craint plutôt de nous faire de la peine.

— Je ne sais pas; mais peut-être eux, qui devaient fournir l'argent, ont-ils craint les frais et
les résultats imprévus.

— Tu ne crois donc pas qu'ils reviennent et
que l'ami François leur serve de compère?

— N'en ai pas la *doutance*.

— Et qu'est donc devenu ce M. Paumier qui nous voulait tant de bien ?

— Découragé, il est allé en Russie pour trouver des paysans plus dociles.

Nous en étions là de nos *jaspinages* quand le vieux docteur est arrivé, et il a recommencé son enseignement en ces termes :

Mes amis, je vous ai dit que, dans ma pensée, l'étendue de l'ancien syndicat était trop vaste, que les intérêts étaient opposés, qu'aucune raison sérieuse n'obligeait à réunir des groupes aussi divers qu'aucune solidarité ne lie réellement.

Examinons en effet ce que dit à ce sujet M. Girardin dans son rapport. On l'a déjà cité ; mais, comme il revient lui-même sur cette idée, et que ce point est fondamental, je ne dois pas craindre de vous répéter ses propres paroles, page 7 :

« Jusqu'à la chaussée des moulins de Colom-
» biers-du-Gua, l'état marécageux de la vallée
» est à peu près uniquement causé par l'existence
» des usines, qui, par leurs digues, gênant l'écou-
» lement des eaux, les forcent à séjourner sur le
» sol ; et la preuve de ce que nous avançons,
» c'est qu'à l'aval de toutes ces levées, les prai-
» ries sont de première qualité, et qu'à mesure
» qu'en descendant dans la vallée on se rappro-
» che d'une autre levée, on voit les prairies pas-
» ser graduellement à l'état marécageux.

» Quand on franchit, au contraire, la chaussée
» du moulin de Marignac et de Colombiers, et
» quand nous entrons dans ce que M. Dumoris-
» son appelle les bassins 4, 5 et 6, nous avons

» affaire à un sol essentiellement marécageux par
» son origine et par sa nature, sans que les usines
» l'aient pu sensiblement modifier.

» Nous insistons sur cette différence bien mar-
» quée, parce que, entre ces deux parties de la
» vallée, C'EST UN DES FAITS DONT NOUS AVONS ÉTÉ
» LE PLUS FRAPPÉ DANS NOTRE VISITE SUR LES
» LIEUX. »

Ces différences essentielles, d'après M. l'ingénieur, doivent entrainer des travaux, des dépenses et des résultats absolument distincts.

Dès lors, n'est-il pas raisonnable et juste d'admettre qu'il y aurait avantage à séparer ce qui
l'est ainsi par la nature des choses ?

Au reste, n'est-ce pas UNE PREUVE DE FAIT et
dont il faut tenir le plus grand compte, que cette
unanimité constante et relative des centres, du
haut et du bas, dans tous les votes émis depuis
vingt-cinq ans ? Les hommes ont changé, mais
les votes ont été les mêmes, et l'on s'est toujours
trouvé dans l'impuissance d'obtenir une volonté
commune.

D'un autre côté, la pente étant de 8 ou 10 mètres entre le haut et le bas, il n'y a aucune solidarité réelle entre eux. La vallée est divisée par
étages offrant chacun une différence de niveau de
70 à 80 centimètres ; une fois le règlement d'eau
exécuté, chaque plan s'appartient à lui-même, et
les propriétaires du plan supérieur ne conservent
absolument aucune solidarité avec ceux du plan
inférieur ; c'est indéniable.

A un autre point de vue, il importe au plus
haut degré que les intéressés puissent concevoir,

apprécier, juger par eux-mêmes, l'utilité des sacrifices qu'ils doivent s'imposer ; et qui sait et peut savoir, à Bougnaud, ce qu'il importe de faire aux Gonds et à Courcoury, et réciproquement.

Enfin, la difficulté de réunir autant de 3,500 propriétaires et de leur faire accepter une même œuvre, n'a-t-elle pas été révélée, de la manière la plus évidente à l'administration supérieure ? Quel avantage trouve-t-on à jeter un émoi périodique dans toute une vaste contrée qu'on semble vouloir violenter alors que l'on n'est animé que du désir de lui être utile ?

Ajoutons que si l'étude des travaux, la direction, la surveillance, la responsabilité doivent rester gratuites, comme c'est mon avis, nul ne sera empressé de sacrifier sa vie et son temps entier à pareille fonction, ou bien celle-ci risquera d'être très-mal remplie.

Pour tous ces motifs, reprenons donc, amis, les délimitations indiquées par l'ingénieur lui-même — elles répondent aux besoins réels, et sont de nature à faciliter toutes choses.

Que les propriétaires des bassins, dont les intérêts sont les mêmes, se réunissent, qu'ils se groupent et s'entendent entr'eux.

Du reste, ce sera, purement et simplement, revenir aux premières dispositions que l'administration préfectorale avait elle-même assignées au début de la formation du syndicat de la Seugne. Alors, le pays l'avait ainsi demandé. (Voir la circulaire de M. de Tanlay, sous-préfet à Saintes, du 26 juillet 1838, qui organise trois commissions syndicales).

5*

Ce ne fut qu'à la sollicitation de l'ancien syndic, qui désirait une œuvre plus grandiose et plus générale, que les choses furent modifiées et qu'on réunit en un seul corps ce qui devait en former trois séparés.

Mais ici, mes amis, je m'arrête, parce que, comme je vous l'ai dit, cette question n'a pas encore été assez discutée parmi vous — puis, j'espère pouvoir vous dire avec tous les détails, comment je vous conseille de vous y prendre pour arriver au but si ardemment désiré, et je vois que le temps et l'heure nous manquent ; ce sera donc, si vous voulez bien, pour une prochaine réunion, qui sera la clôture définitive et sans remise.

— Mais, dites donc, M. le docteur, s'est écrié G..., qu'est-ce donc que vous nous offrez de nouveau avec vos *intendants* à faire revenir ? N'est-ce donc pas ce que nous avions dans le premier syndicat ?

— Pas tout à fait, a répondu le docteur, alors vous aviez un *intendant de province* qui commandait à lui seul et voulait que tout lui obéisse ;

— maintenant il s'agit de nommer des *intendants* plus modestes, qui ne feront qu'obéir au *nouveau seigneur* de la Seugne et exécuter ni plus ni moins ses volontés.

Là-dessus le docteur nous a salué et laissé à nos réflexions.

Nous sommes décidés, à peu près tous, à voir de près où ses conseils nous mèneraient.

Je vous ferai part de ce qui surviendra parmi nous.

Recevez toujours, monsieur Vallein, l'assurance

de notre reconnaissance et de nos plus gracieux compliments.

27 novembre.

VIII

Mon cher monsieur Vallein,

Ça nous convient généralement de nommer des intendants parmi nous, pour surveiller nos intérêts, pour défendre nos droits au besoin, et pour faire exécuter selon nos idées ce qui nous paraît utile de faire et ce qu'aucun de nous, en particulier et isolément, ne peut entreprendre.

Quant à la dernière idée de notre docteur de nous grouper séparément, ça gagne aussi du terrain. Il importe enfin que quelque chose se fasse, et s'il fallait attendre que toute la vallée se mît d'accord d'un bout à l'autre pour commencer, il y aurait encore trop d'eau qui devrait passer sous le pont de Colombiers. Depuis tout à l'heure 30 ans qu'on a essayé d'une manière sans réussir, il n'y a pas grand'chose à risquer que de s'y prendre par un autre moyen.

Il nous plaît aussi de bien connaître et de bien apprécier ce qu'il s'agira de faire quand on nous demandera notre argent, et puis de bien être fixé à l'avance où sera limitée la dépense. « Il faut sa-
» voir à quoi s'en tenir avant de mettre la main à

» l'œuvre, car une fois engagés dans l'exécution
» des grands projets, une fois qu'on aurait dépensé
» en grands travaux des sommes considérables, il
» ne serait plus temps de s'arrêter, » il faudrait
aller jusqu'au bout, à moins de faire comme feu
M. de Lilleferme.

Et puis, ce serait bien commode de nommer
parmi nos voisins nos surveillants, qui pourraient
recevoir les avis et les plaintes de chacun et y
faire droit sans être obligé de s'occuper chaque
fois des affaires de toute la vallée, où les avis ne
sont pas les mêmes.

Il y en a quelques-uns qui disent que nous aurons de la peine à trouver au milieu de nous des
gens assez habiles pour bien savoir ce qu'il y aura
de mieux à décider pour nos intérêts.

Je leur ai répondu à ceux-là : mais si chacun
de nous, au lieu de s'occuper du grand travail,
regardait au bout de son pré, serait-il bien em-
barrassé de dire ce qu'il y aurait à faire pour
écouler les eaux qui y séjournent ? — Ensuite,
quand nous serons organisés et le règlement des
eaux exécuté, qu'est-ce qui empêchera de demander à M. le préfet de nous envoyer les hommes
spéciaux pour nous éclairer de leurs lumières et
de leurs bons conseils, au besoin? Une fois les
curages les plus importants décidés (et ils ne sont
pas aussi nombreux qu'on veut bien le dire), il
ne faudra pas être bien malin pour faire faucher
les nolles deux fois par an, pour faire curer celles
qui seront comblées et cela un peu chaque années,
pour surveiller le niveau des eaux quand il sera
fixé, etc., etc.

A vous dire vrai, monsieur Vallein, je crois qu'un grand nombre ne restera pas sourd à l'appel. Mais il faut laisser la parole au docteur, qui s'est chargé de nous dire comment nous devrons nous y prendre pour arriver au définitif.

Mes amis, nous a-t-il dit, aussitôt entré parmi nous, voici ce que je vous conseille :

La nouvelle loi syndicale est très claire et très pratique. Elle vous accorde à vous, agriculteurs, des droits pareils à ceux qui font les grands travaux que vous admirez partout ; elle vous permet de vous organiser pour le développement et la protection de vos intérêts : Il ne s'agit, de votre part, que de le vouloir. Réunissez-vous donc avec ceux qui ont les mêmes intérêts, et marchez, rien ne vous résistera et tout vous aidera. Dernièrement, nous avons groupé quelques-uns de vos amis du haut de la rivière. Ils désiraient un pont pour aller dans l'île de Maletier, et un chemin pour y conduire ; et cela, ils le demandaient depuis des siècles. Nous les avons réunis, dis-je ; ils ont écouté nos paroles ; et, avec la nouvelle loi et la confiance qu'ils m'ont accordée, au bout d'un an, le pont a été fait.

Ecoutez donc ce que je vous propose :

Réunissez-vous par bassins, c'est-à-dire que les propriétés qui sont sous l'influence d'un même niveau des eaux forment un même groupe. Quand vous aurez réuni assez d'adhésions, vous pourrez vous unir à deux ou trois autres bassins, dont les terrains seront de même nature et dominés par les mêmes causes de détérioration. Alors, vous formerez une association définitive et vous vous mettrez aussitôt à l'œuvre sans aucun nouveau retard.

Dans ma pensée, (sauf vos avis qui peuvent modifier les limites) il faut que les propriétaires des communes de Bougnaud, de Saint-Seurin et Saint-Léger se réunissent ensemble et forment un premier syndicat ;

Que ceux de Colombiers, de Lajard, de Montils et de Saint-Sever, s'unissent et en forment un second ;

Que ceux de Berneuil, comprenant les Breuils et l'Anglade, en forment un troisième ;

Que ceux des Gonds et de Courcoury en forment un quatrième :

Chacun aura son indépendance absolue.

Croyez-vous, amis, que si ces quatre portions de la vallée n'avaient que quatre propriétaires, toutes les améliorations possibles et désirables ne seraient pas d'exécution facile ? Ou faut-il absolument que la Seugne appartienne à un seul, pour que le bien s'y fasse ? Personne ne pourra le soutenir.

Demandons donc, chacun dans notre contrée, à M. le préfet, de former un *syndicat autorisé*, et cela sur les bases d'association suivantes :

Les syndicats auront pour objet :

1o Le curage et le faucardement des vieux étiers ;

2o L'entretien et le rétablissement des rigoles de dérivation destinées à soutirer les eaux stagnantes et se rattachant à l'aval des moulins ;

3o Le syndicat pourra établir de nouveaux fossés partout où la commission aura reconnu qu'ils sont nécessaires pour faciliter l'écoulement des eaux stagnantes ;

4° Le syndicat aura le droit de remplacer les graviers qui servent d'accès aux chemins d'exploitation des prairies par des ponceaux, là où la commission le décidera ;

5° La commission pourra s'occuper encore de la réparation des chemins d'exploitation, qui sont dans le plus déplorable état, ce qui empêche l'enlèvement des produits du sol et double les frais;

6° La commission sera nommée tous les trois ans par tous les propriétaires réunis dans chaque commune ;

7° La commission nommera son directeur ;

8° La commission se réunira au moins une fois tous les ans, au bord du marais, tantôt dans une commune, tantôt dans l'autre ;

9° La veille de la réunion, le directeur, accompagné de délégués de la commission, fera une tournée dans tout le périmètre du syndicat, pour visiter les lieux, constater l'état des étiers, des fossés d'écoulement, et s'assurer que le faucardement a été fait régulièrement;

10° La commission pourra nommer un garde particulier chargé de surveiller la propriété commune et d'exécuter les faucardements qui auront été reconnus devoir être à la charge du syndicat;

11° Les commissaires décideront à la majorité les travaux qui devront être exécutés chaque année. Ils feront le devis présumé de la dépense et voteront annuellement les ressources nécessaires pour y faire face;

12° Ils vérifieront les comptes du directeur et

recevront les travaux qui auront été exécutés dans l'année ;

13o Ils seront autorisés à acquérir comme propriété syndicale les droits de passage qui pourraient être reconnus indispensables, ou les terrains nécessaires pour le creusement de nouveaux fossés, s'il y avait lieu. Ils pourront aussi acquérir les pêcheries dont la destruction serait jugée nécessaire ;

14o Tous les propriétaires conserveront le droit de voter, pour nommer la commission, jusqu'au minimum de la possession de 5 ares ;

15o L'imposition aura la même base pour tous les intéressés ; elle sera calculée et établie en raison de la surface possédée par chaque propriétaire ;

16o La commission gérera les intérêts de tous en bon père de famille. Elle surveillera le niveau des eaux des usines, et au besoin le directeur suivra les actions en justice pour faire respecter les droits communs ;

17o La commission sera composée de douze membres. Chaque commune sera représentée en raison de son importance et de ses intérêts ;

18o Les usiniers compris dans le périmètre feront partie de la commission, un par usine, afin que les intérêts de tous soient représentés et que la bonne harmonie règne dans toute la vallée.

Eh bien, mes amis, que dites-vous de ces conditions, vous paraissent-elles acceptables et croyez-vous qu'elles répondent au but désiré?

— Ah ! mon Dieu ! oui, cela nous conviendrait bien, mais c'est trop beau pour que ça réussise,

s'est écrié l'un des anciens membres de l'association syndicale qui portait le découragement
dans l'âme depuis si longtemps que tous ses désirs et projets d'améliorations n'ont pu aboutir;
comment faire, dit-il, pour que tout le monde soit
d'accord? Il y en a tant qui ne veulent entendre à
rien, et cela surtout depuis qu'on les a fait payer
malgré eux et qu'ils n'ont rien vu venir.

Je n'ignore pas, a repris le docteur, les difficultés, mais je connais aussi la force des idées
justes et pratiques.

Si certains d'entre vous sont bien convaincus
que ce que nous proposons est bon et réalisable,
il faut qu'ils ne se lassent pas de le faire comprendre aux autres et peu à peu ce que nous voulons se fera. Vous savez bien que dans la campagne vous marchez presque toujours tous ensemble dès qu'un sentiment bien net des choses s'em-
pare de l'esprit des plus intelligents.

Vous aurez à dire à ceux qui regrettent le plus
leur argent, qu'en définitive le sacrifice qui leur a
été imposé n'est pas de l'argent perdu, puisque
c'est grâce aux études faites, aux questions d'a-
méliorations soulevées et agitées dans tous les
sens, que les idées pratiques ont fini par se faire
jour. Lorsque nous serons enfin organisés, que les
obstacles seront renversés et que l'amélioration
se fera sentir, tout le monde et moi le premier,
nous nous empresserons de rendre la justice qui
est due à ceux qui ont poursuivi le but à attein-
dre par leurs sacrifices, leurs travaux, leurs
veilles. On a pu se tromper, mais on avait les
meilleures intentions, et ce ne sont, en définitive,

que ceux qui ne font rien qui ne risquent pas de s'égarer.

Puis enfin vous devez faire, entre vous, ce raisonnement :

Nous demandons tous que le mal dont nous souffrons cesse. Nous voulons que les fossés soient curés, les pêcheries détruites, les nolles fauchées et entretenues ; qu'est-ce qui peut faire cela, je vous prie, sinon vous-mêmes ?

Eh bien ! je vous propose de le faire ou faire faire, comme vous l'entendrez. Chaque fois que vous renouvellerez vos commissions, vous nommerez ceux qui auront votre manière de voir et vos mêmes intérêts, que pouvez-vous vouloir de mieux ?

— Ah ! tout cela est bien vrai ; mais qui va se mettre en tête pour que ça se réalise ? Qui nous groupera ? Qui nous organisera ?

— L'administration préfectorale s'empressera de vous aider de toute sa puissance soyez-en sûrs, si vous êtes d'accord pour lui demander ce que nous vous avons conseillé.

— Vous le pensez ? mais elle doit être bien contrariée de tout ce qui s'est passé et de la critique que vous avez faite du projet ?

— N'en croyez rien ; l'administration ne veut pas autre chose que le bien du pays, seulement il faut lui faire savoir d'une manière nette quels sont ses besoins et ses vœux ; c'est pour cela qu'elle nous consulte, et si nous sommes assez heureux pour les exprimer, nous qui en sommes chargés et en avons la responsabilité, elle nous en estimera davantage et finira pas nous en remercier.

— Mais enfin, il faut que quelques-uns rédigent nos vœux et nos propositions ?

— Ecoutez, si j'ai été assez heureux pour me faire comprendre de vous et porter de la clarté dans vos idées, je n'en resterai par là. Nous allons commencer par le haut, et, si vous trouvez que nous suivons une marche convenable, vous n'aurez plus qu'à suivre la voie ouverte.

Là-dessus, le docteur allait se retirer, mais G..., qui était dans un coin et patient comme une mouche en temps d'orage, attendait la fin du discours ; il voyait son grand projet un peu compromis, aussi prit-il aussitôt la parole :

— M. le docteur, tout cela est très bien et me conviendrait assez d'un côté, surtout si je peux voir mettre la main à l'œuvre avant de mourir ; mais, la main sur la conscience, déclarez-le devant tout ceux qui vous ont écouté ; pensez-vous que quand le règlement des eaux sera exécuté ; quand vous serez parvenu à organiser trois ou quatre syndicats dans la vallée, et que chacun fera de son côté ce qu'il jugera de plus utile, croyez-vous sincèrement que nous obtiendrons tout ce que promettait notre grand projet, à nous autres ?

— La main sur la conscience, mon ami, je vous déclare que nous n'obtiendrons jamais dans le centre du marais de la Seugne, avec la subdivision de propriété telle qu'elle existe, et sur les terrains tourbeux qui en forment le sol, des prairies et des herbages comme en Normandie et comme votre imagination surexcitée vous les faisait rêver.

Vous ne verrez pas le canal de navigation faisant concurrence au chemin de fer.

Vous ne verrez pas de nombreux ponts traversant ce canal.

Vous ne verrez pas Colombiers port de mer, recevant les gabares de la Charente et les bateaux à vapeur.

De la Maisonnette, vous ne verrez pas au milieu de toutes ces merveilles, 1,000 têtes de gros bétail s'engraissant à pleine peau, dans de magnifiques pâturages.

Vous ne verrez pas ces grandes avenues d'arbres qui, au bout de trente années, devaient rapporter au moins 400,000 francs.

Vous ne verrez pas les millions qui devaient remplir votre poche et celles de vos voisins.

Mais vous ne verrez pas non plus ces oiseaux de proie, ces hommes se cachant dans l'ombre avec l'intention de vous ravir ces magnifiques produits et ce quaterne à la loterie dont vous vous figuriez posséder le bon numéro.

Ce que vous verrez, c'est ce qu'ont vu vos pères et grands-pères, d'après *votre propre témoignage;* c'est-à-dire toutes les prairies qui étaient belles autrefois, reprendre leur ancienne fertilité.

Vous verrez disparaître le jonc dans ces lieux où les eaux mortes le font prospérer.

Vous verrez encore les inondations couvrir le marais lorsque tout le bassin supérieur sera inondé aussi. Vos grands canaux devaient l'empêcher; eh bien! cela n'aura pas lieu; mais vous verrez qu'aussitôt la crue passée, ce sera comme dans la Charente; les eaux, après avoir laissé leur limon, s'écouleront rapidement et ne séjourneront plus.

Vous verrez que des hommes tels que vous seront parfaitement compétents, non pour juger d'un plan général de dessèchement et d'irrigation, mais bien pour décider là où un gravier empêche l'eau de couler, là où il est avantageux d'établir un ponceau, d'améliorer un chemin d'exploitation, de faucher, de recurer un vieil étier.

Eh bien ! que voulez-vous, ce sera plus modeste, mais ce sera plus sûr.

Et puis, ça ne vous mettra pas dans la tête de faire contribuer, malgré eux, vos cousins du haut et du bas pour des travaux qui vous semblent superbes pour vos propriétés, mais qui, sans aucun doute, n'avaient aucun de ces avantages pour eux. Vous espériez les y contraindre par la majorité, il faudra y renoncer.

Si vous m'en croyez, ami G..., vous abandonnerez votre idéal, et vous serez un des premiers à organiser un syndicat limité pour Colombiers et Lajard. Vous emploierez vos efforts et votre influence à décider vos voisins à s'organiser au plus vite, afin que ce que vous avez de bonnes idées se produise dans un milieu utile et trouve ainsi sa réalisation.

Enfin, vous planterez vos choux, vos céleris, vos artichauts, ou vous sèmerez vos haricots dans la motte où vous avez fait vos expériences, personne ne vous y contrariera, et vous ne direz, en revanche, d'injure à personne, pas même à l'inconnu.

Ça vous va-t-il, donnez-nous la main, ainsi qu'à l'ami François, et marchons d'accord.

Maintenant, Monsieur Vallein, que la plaidoirie est finie, veuillez faire savoir à M. l'abonné et aux autres que cela intéresse, que le docteur qui nous a parlé est M. le docteur Rigaud, de Pons, que nous avions nommé de la commission pour défendre nos intérêts, et que ceux qui ont pris avec lui la parole dans le débat que vous avez bien voulu reproduire dans votre journal sont ses amis et autres propriétaires, pour lesquels il se porte éditeur responsable.

Dr RIGAUD,

Ancien Membre de la Commission syndicale de la Seugne.

Pons, le 22 novembre 1866.

Nous avons reçu plusieurs lettres sur les marais de la Seugne. Pas une de ces lettres ne répond aux objections de notre correspondant. Nous y trouvons des plaisanteries, des railleries, des injures, mais pas l'ombre d'une raison.

Nous avons causé de cette question avec des propriétaires de marais qui ont un grand intérêt à la bonne solution de l'affaire. Tous sont du même avis que notre correspondant. Nous voulons, nous ont-ils dit, et nous cessons de demander qu'on commence par régler les usines et enlever les pêcheries. Nous sommes convaincus que cela suffira. Si nous nous trompons, eh bien! alors, il sera temps d'aviser à des mesures plus radicales. Ce que nous ne voulons pas, c'est d'un projet considérable, entraînant des dépenses énormes, qu'il nous faudra payer une fois faites, quel que soit le résultat de l'opération. Pourquoi ne veut-on pas nous accorder ce que nous demandons avec instance depuis vingt ans, et pourquoi veut-on nous imposer un projet que nous repoussons?

Il nous semble que cela est assez sensé, et nous ne voyons pas qu'on y ait rien répondu de satisfaisant. Nous désirerions aussi que les contradicteurs de notre correspondant voulussent bien prendre la peine d'examiner les objections contenues dans ses 5e et 6e lettres, qu'ils y répondissent quelque chose, et nous montrassent en quoi il se trompe; nous publierons leurs dires avec plaisir. Mais rien! absolument rien! que des bouffonneries ou des injures. Ce n'est pas la peine d'occuper de la place pour cela.

En outre, ils se plaignent de ce que notre correspondant garde l'anonyme, et ils en font autant. Non-seulement ils ne signent pas, mais ils ne se sont même pas fait connaître à la rédaction du journal; tandis que notre correspondant nous est parfaitement connu, et que son nom n'est plus un mystère pour la plupart des intéressés.

V. VALLEIN.